JN231753

世界史を変えた新素材

佐藤健太郎

新潮選書

はじめに——「新材料」が歴史を動かす

「材料」の力

人類が文明社会を築き上げて以来数千年、大小さまざまな無数の変転を繰り返しながら、我々はここまでやってきた。変化は、一人の天才の発明や思想からもたらされたこともあったし、遠い国との交易や戦争という形でやってきたこともあった。王朝、思想、学問、宗教、政治体制といったものから、日常の挨拶の言葉、毎日食べるものに至るまで、およそ人間社会で変わらぬものは何ひとつないといっていい。

江戸時代のような、人為的に交流やイノベーションを制限した社会であってさえ、農業技術は進歩を遂げ、貨幣経済が普及し、文学や絵画をはじめとした独自の芸術が振興するなど、数え切れぬほどの変化が起きている。してみると、「変化する」ということは、人間社会の本質でもあるのだろう。

そして巨大な変化というものは、徐々にではなく不連続に起こる。革命的というべき変化はあっという間に起こり、オセロのコマをひっくり返すように、全てを入れ替えてしまう。

身近な例として、音楽の録音メディアを挙げてみよう。戦後に登場し、長きにわたって音楽の普及を支えてきたレコード盤は、一九八二年にコンパクトディスク（CD）が登場すると、あっという間にその王座を譲り渡した。そのCDも、ウェブによる配信や動画サイトに取って代わられ、驚くほどの速さで姿を消しつつある。一九九八年にはシングル・アルバム合わせて四〇作近く出ていたミリオンセラーが、十数年でほぼ絶滅することになると、あの当時に予測できた人は果たしていただろうか。

ことほどさように、変化を予測することは難しく、望む変化を起こすことはさらに難しい。特に現代日本は、誰もが何かを変えたい、変わらなくてはならないと思いながら、さまざまなしがらみのために変化を起こせないでいる。どの党の政治家も揃って改革を唱え、企業はイノベーションを求めて莫大な研究費を投じているが、思ったような成果はなかなか表れない。

では、社会に変革が起きるために必要な要素とは何だろうか。もちろんどんな変革であれ、単一の原因で起こることはなく、さまざまな要素が揃って初めてものごとは動く。だが筆者は、中でも「材料」の力に注目してみたい。あらゆる変革の要因は、突き詰めれば紙や鉄、プラスチックといった、優れた材料たちの力に行き着くと言えるのではないだろうか。

このことが最も端的に表れているのは、石器時代、青銅器時代、鉄器時代といった名称だろう。青銅の剣は、木や石の武器を容易に圧倒しただろうし、地面を深く耕せる鉄製の鍬は、食料の増産を大いに助け、人口増加に寄与した。ひとつの材料の登場は、文明を次のステージへ飛躍させる鍵であった。であればこそ、ひとつの時代を指す名称に、材料の名が冠されているのだろう（もっとも、石器や青銅器が数千年の歳月に耐えて残るものであったことも重要だ。木材や布の使用開始年代の特定は、残念ながら難しい）。

文明の律速段階

変革をもたらす要因がいくつもある中、あえて材料という存在に着目するのは、材料が変革のための「律速段階」ではないかと思うからだ。律速段階は生化学の用語で、ＡがＢへと化学変化し、ＢがＣへ、ＣがＤへ……という一連の変化の流れの中で、最も反応速度が遅い段階を指す。この段階の速度が、全体の速度を決定してしまうため、この名がある。全長一〇〇キロメートルの道を走る時、一〇キロメートルの渋滞区間を抜けるのに二時間かかってしまったら、残りを時速八〇キロで走っても一二〇キロで走っても、全体の所要時間はさして変わらない。この渋滞区間が「律速段階」に相当する。

前述のように、文明がワンランク上に進むためには、さまざまな要因が必要だ。素晴らしい才能の主や、人々の心構えの変化、政治や経済、気象や災害など、多くの要素が絡んでおり、必要な条件が出揃わないと変化は起きない。しかし優れた新材料は、他の要因よりも格段に出現しにくいのでは、と思う。時代が求める材料の登場こそは、世に大きな変化を起こすための決定打、律速段階となるものではないか、というのが筆者の仮説だ。

先述のレコードを例にとってみよう。レコードは当初、カイガラムシの分泌物を固めた「シェラック」という樹脂が用いられていた。しかし一九五〇年代に入り、ポリ塩化ビニル（塩ビ）製のレコードが登場し、一挙にポピュラー音楽という巨大市場が形成された。もろく摩耗しやすいシェラックに比べ、塩ビは丈夫で軽く、保存性にも優れ、量産も可能だ。この素晴らしい材料がなければ、音楽がここまで多くの人の手に届くことはなかっただろう。

一九五〇年代以降、世界の音楽界には続けざまにスターが出現し、それ以前の時代とは様相が全く変わってしまった。では一九五〇年代以前には、優れた才能の主がいなかったのだろうか。そのようなことはあるまい。エルヴィス・プレスリーやザ・ビートルズに匹敵する優れたパフォーマーはいても、彼らの作品を安価かつ高品質に、世界の人々に届ける材料が存在しなかったのだ。

無論、音楽が世界で広く聴かれるには、テレビの普及なども大きな要因であったに違いない。しかし、それだけでは巨大な音楽市場は成立せず、優れた才能が続々と現れることもなかっただろう。世界の音楽文化にとって律速段階となったのは、ポリ塩化ビニルという材料の登場だったのだ。

付け加えるなら、記録媒体の進展は音楽の内容そのもの、あるいは音楽家という職業のあり方をも大きく変えてしまったといえる。二〇〇〇年、三〇〇〇年前にも、素晴らしい歌い手や演奏家はたくさんいたが、現代にまで名を残しているのはモーツァルトやベートーベンといった作曲家たちだ。彼らは紙の楽譜によって、自分の作品を遠い国や後世にまで伝えられたのに対し、演奏はいかに素晴らしくともその場限りであり、居合わせた聴衆以外にその感動を伝える手段がなかった。

それに対して現代では、録音や録画という手段により、空間的にも時間的にも離れた何億という人々に、同じように演奏を届けられる。二〇世紀以降、ダイレクトに感動を生み出す歌い手や演奏家が脚光を浴び、作曲家が裏方に回るという大きな変化が起きたのは、要するに記録媒体の変革によるものといえよう。

1920年代のレコード（シェラック製）

歴史を動かした材料にも、いろいろなタイプがある。上記の石器や鉄、塩化ビニルなどは、大量に普及することで歴史を動かした材料だ。逆に、希少性と貴重さゆえに争奪の対象となり、歴史を揺るがした材料もある。金や絹などが、その例に挙げられるだろう。

また、材料をその出自によって分類することもできるだろう。当初用いられた材料は、石器や木材のように自然界から採ってきたそのままの姿で利用されていた。やがて、鉄などのように自然界の物質に手を加えて作り出す材料が現れ、さらにプラスチックのような、自然界に全く類例のない人工材料が生み出された。そして現在の材料は、精密な分子設計により、天然には全く見られない機能を持たせられるようになっている。

本書では、これら数ある材料の中から一二種を選び、歴史との関わりを紹介してゆく。そして新たな材料こそが時代の扉を開く鍵であることを、読者とともに見てゆきたい。

世界史を変えた新素材　目次

本書は、新潮社「Ｗｅｂでも考える人」(http://kangaeruhito.jp/)にて二〇一六年七月から二〇一七年七月にかけて連載したものに大幅に加筆修正をしたものです。

世界史を変えた新素材

第1章　人類史を駆動した黄金の輝き――金

黄金の輝き

世界を変えた材料のトップバッターとして、金《きん》を取り上げてみよう。これほどまでに世界の人々に渇望され、欲望を掻き立ててきた物質は他にない。

筆者も東京国立博物館で行なわれた黄金に関する展示を見に行ったことがあるが、あまりの長蛇の列に観覧を諦めようかと思ったほどの盛況ぶりであった。他のどんな金属、他のどんな材料でも、これほどまでに多くの人々を引きつけ、呼び集めることは不可能であるに違いない。テレビやインターネットを通じて、世界のあらゆる珍奇な品を見慣れた現代の我々ですら、黄金の輝きには深く魅了されるのだから、古代の人々にとってその魅力はいかばかりであったろうか。

金は、高い冶金技術を駆使せねば得られない鉄や銅と異なり、天然から純粋な金属の姿で得られる。また他の物質にはない光沢を放つから、金は古代の人々にとって最も発見しやすい金属であった。このため金は、おそらく世界の多くの民族が最初に触れた金属であったことだろう。

そして金は美しく輝き、どのような条件でも錆びも変質もせずに残る。ツタンカーメン王の黄金のマスクは、作られてから三三〇〇年以上もの歳月を経過しているにもかかわらず、まるで昨日作られたかのようなまばゆい輝きを放っている。民衆に王の力を示すため、これ以上の材料はなかった。

金は変質せず、誰もが欲しがるがゆえに、廃棄されることなくリサイクルされ、受け継がれてきた。いま目の前にある金のコインは、かつてはローマの都で取引に使われていたかもしれず、ヴェルサイユの宮廷で王の身を飾っていたかもしれない。黄金は、人類の歴史とロマンを一身に凝縮した存在でもあるのだ。

ミダス王の手

ギリシャ神話のミダス王の物語は、金への欲望を端的に表現したストーリーとして最も古いものだろう。ミダスは、酔いつぶれた神シレノスを手厚くもてなし、礼としてどんな望みも一つ叶えてやろうと持ちかけられた。ミダスが望んだのは、手に触れたものが全て黄金に変わる力であった。

しかし彼が喜んだのもつかの間、食べようとしたものも飲もうとしたものも、全て金に変わってしまうことに気づく。最愛の娘さえも黄金の彫像に変えてしまったところで、ミダスは自らの欲望を激しく後悔し、神に懺悔した。神は「パクトロス川の水で体を洗え」という神託を与え、全てが無事元に戻ったというストーリーだ。

実はこのミダスは実在の人物で、紀元前八世紀末頃にプリュギア（現在のトルコ中西部）を治めた王であった。実際に彼の王国は黄金のおかげで豊かであり、パクトロス川は砂金を産するというから話はよくできている。

この神話は、金というものの本質をよく捉えているともいえる。後先を考えなくなるほどに誰もが欲しがるが、金自身は何かの役に立つわけではない。富者の身を飾るか、欲しいものと交換する他、使いみちはない物質なのだ。

ウォルター・クレイン画「ミダス王」

実際、金を実用的な材料として用いようとした場合、良いところはほとんどない。比重が一九・三（鉄の約二・五倍）にも及ぶ上に、軟らかく傷つきやすいため、武器や工具などに使うには全く不適格だ。金貨やジュエリーでさえ、純金では硬度が不足するため、一〇パーセント程度の銀や銅を含んだ合金が用いられている。歯科治療用材料や電子機器など、金の特性が生かされた用途が開発されるのは、はるか後の世になってからのことだ。

金貨の誕生

では、最も重要な金の使いみち——すなわち金貨が使い始められたのはいつごろなのだろうか。紀元前七世紀の小アジア西部にあった、リディア王国で用いられ始めたというのが定説だ。原料になったのは、パクトロス川で採れた砂金だというから、金貨の登場はミダス王のおかげということにもなろうか。

ただし、砂金には銀が含まれており、その含有量が一定しなかったため、銀を人工的に加えて金銀の比率が揃えられているという。この合金の塊を一定の大きさに切り分け、台座に置いてハンマーで叩き、文様を刻みつけることで、人類史上最初の貨幣は作られた。大きいものから小さいものまで各種サイズが用意され、取引に用いやすいよう各々の硬貨の重さは整数比で整えられているというから、当時から相当の知恵者がいたのだろう。

「価値」を手に取れる形にし、計量を可能とした貨幣というものの誕生は、人類史上に永遠に刻まれるべき大きな出来事であった。アバウトに手持ちのものを物々交換してきたのが、貨幣を媒介とすることでデジタルに、精密に価値を定量化し、それに基づいてほしい品物のやり取りができるようになったのだ。

ロビンソン・クルーソーは、流れ着いた島で生活に必要なものを全て一人で作り、また必要な作業を全て一人でこなした。しかしこうした生活には限度があり、何を作っても何をやってもそこそこの水準にしかならない。欲しいもの、できることを交換し、各自が得意な事柄に特化してこそ、よりよいものやシステムを創り出すことができる。スムーズな交易と分業化こそは、進歩と発展の鍵だ。それを可能にする貨幣の発明は、人類が飛躍するための大きなステップであった。

貨幣の材料に必要な条件は、誰もが欲しがる貴重なものであること、コンパクトで持ち運びがしやすいこと、長期間変質せず価値が変わらないこと、一定の形へと加工がしやすいことなどだ。金こそは、この条件にうってつけの材料であった。

ただし、金貨はこの後徐々に銀や銅にその地位を譲り渡していく。たとえば古代ローマでは、アウレウス金貨やソリドゥス金貨も鋳造されたが、基本貨幣として活躍したのはデナリウス銀貨やセステルティウス銅貨であった。金貨は高価過ぎて日常の取引には使われず、貯蓄用に用いられることが多かったようだ。

アウレウス金貨

美しき三姉妹

金・銀・銅は今も硬貨に広く用いられ、「貨幣金属」(coinage metal) の名で呼ばれる。現在の日本で用いられる硬貨は、五円玉は六〇~七〇パーセント、一〇円玉は九五パーセント、五〇円玉と一〇〇円玉は七五パーセント、五〇〇円玉は七二パーセントの銅を含む。またオリンピックなどの行事の際には、記念貨幣として金貨・銀貨が発行されるのが常だ。

実はこの三金属は、元素周期表において縦一列に並んでおり、いわば姉妹に当たる元素だ。縦に並んでいるということは性質が互いに似ているということであり、これらは化学変化を受けにくいことで共通する。ただし、銅はこの中で一番反応性が高いため錆びやすく、銀はその次、金は最も安定だ。そして銀は金の一〇倍ほど、銅は銀の数百倍ほど天然から産出する。貨幣の価値も、存在量に反比例して決まるのは当然だろう。

元素は、基本的に原子番号（原子核に含まれる陽子の数）が大きくなるほど不安定になってゆく。金は原子番号が79で、安定に存在できる原子番号の限界である82に近い。また、奇数の原子番号を持つ元素は、偶数のそれより不安定であり、一般に存在量が少ない。金が貴重な金属であるのはこのためだ。

というわけで現在までに採掘された金の量は、世界中全て合わせても、オリンピックプール三杯分ほどでしかない。そんなバカなと思うような数字だが、金は水の二〇倍近くも重たいため、重量のわりに嵩《かさ》が非常に小さいことも原因だ。

金がもてはやされるのは、その希少性に加えて、黄金色に美しく輝くことも大きい。はっきり色がついて見える単体の金属は、この他に銅だけだ（その他、オスミウムという金属は、うっすらと青みがかって見える）。オリンピックのメダルに金・銀・銅が採用されたのは、この著しい

1 H 水素																	2 He ヘリウム
3 Li リチウム	4 Be ベリリウム											5 B ホウ素	6 C 炭素	7 N 窒素	8 O 酸素	9 F フッ素	10 Ne ネオン
11 Na ナトリウム	12 Mg マグネシウム											13 Al アルミニウム	14 Si ケイ素	15 P リン	16 S 硫黄	17 Cl 塩素	18 Ar アルゴン
19 K カリウム	20 Ca カルシウム	21 Sc スカンジウム	22 Ti チタン	23 V バナジウム	24 Cr クロム	25 Mn マンガン	26 Fe 鉄	27 Co コバルト	28 Ni ニッケル	29 Cu 銅	30 Zn 亜鉛	31 Ga ガリウム	32 Ge ゲルマニウム	33 As ヒ素	34 Se セレン	35 Br 臭素	36 Kr クリプトン
37 Rb ルビジウム	38 Sr ストロンチウム	39 Y イットリウム	40 Zr ジルコニウム	41 Nb ニオブ	42 Mo モリブデン	43 Tc テクネチウム	44 Ru ルテニウム	45 Rh ロジウム	46 Pd パラジウム	47 Ag 銀	48 Cd カドミウム	49 In インジウム	50 Sn 錫	51 Sb アンチモン	52 Te テルル	53 I ヨウ素	54 Xe キセノン
55 Cs セシウム	56 Ba バリウム	57 La ランタン	72 Hf ハフニウム	73 Ta タンタル	74 W タングステン	75 Re レニウム	76 Os オスミウム	77 Ir イリジウム	78 Pt 白金	79 Au 金	80 Hg 水銀	81 Tl タリウム	82 Pb 鉛	83 Bi ビスマス	84 Po ポロニウム	85 At アスタチン	86 Rn ラドン
87 Fr フランシウム	88 Ra ラジウム	89 Ac アクチニウム	104 Rf ラザホージウム	105 Db ドブニウム	106 Sg シーボーギウム	107 Bh ボーリウム	108 Hs ハッシウム	109 Mt マイトネリウム	110 Ds ダームスタチウム	111 Rg レントゲニウム	112 Cn コペルニシウム	113 Nh ニホニウム	114 Fl フレロビウム	115 Mc モスコビウム	116 Lv リバモリウム	117 Ts テネシン	118 Og オガネソン

58 Ce セリウム	59 Pr プラセオジム	60 Nd ネオジム	61 Pm プロメチウム	62 Sm サマリウム	63 Eu ユーロピウム	64 Gd ガドリニウム	65 Tb テルビウム	66 Dy ジスプロシウム	67 Ho ホルミウム	68 Er エルビウム	69 Tm ツリウム	70 Yb イッテルビウム	71 Lu ルテチウム
90 Th トリウム	91 Pa プロトアクチニウム	92 U ウラン	93 Np ネプツニウム	94 Pu プルトニウム	95 Am アメリシウム	96 Cm キュリウム	97 Bk バークリウム	98 Cf カリホルニウム	99 Es アインスタイニウム	100 Fm フェルミウム	101 Md メンデレビウム	102 No ノーベリウム	103 Lr ローレンシウム

周期表

特徴によるところが大きい。なお、金が黄色味を帯びた色彩を放つ理由は、相対性理論などもからんだ少々難しい話になる。

ともかく、この黄金の色彩が与えた影響は極めて大きい。世界中ほぼ全ての民族が、他の数多くの白銀色の金属より、はるかに黄金を珍重しているのだ。金と同じほど錆びにくく、金よりも貴重な金属である白金が、歴史にほとんど顔を出さないのとは対照的といえる（白金は融点が高いため、加工しにくかったことも要因ではある）。金を求めて中南米に侵攻したスペイン人たちは、精錬の邪魔者として白金を廃棄したほどだ。白金が貴金属として本格的にもてはやされるようになったのは、カルティエがこれをジュエリーに採用した二〇世紀以降のことになる。

黄金の島ジパング

日本の歴史に金が初めて登場するのは、福岡県の志賀島から出土した「漢委奴国王」の金印だろう。後漢の光武帝が、西暦五七年に下賜したものと見られている。つまみの部分などに精緻な加工が施されており、側面はなめらかに仕上げられて美しく輝く。当時の人々にとっては、神の国から来た物質と見えたに違いない。

その後日本でも、金の鉱脈や砂金があちこちで発見された。きっかけとなったのは、仏教の伝来であったようだ。仏の教えの尊さを表現するために、黄金の美しさが重宝されたのである。日本最古の仏教寺院である飛鳥寺（六世紀末建立）にも、金の延べ板などが納められている。七世紀になると各地に社殿や寺院が次々と建設され、このため国内の鉱山開発が盛んになった。

これに合わせ、金の加工技術も進展する。東大寺盧舎那仏像、いわゆる奈良の大仏も、創建当時は全身に金メッキが施され、現在の重厚な色合いとはイメージが全く異なっていた。メッキに使われた金は四三〇キログラムというから、現在の相場に直せば二〇億円を超える。日本は当時、世界有数の産金国であったのだ。

特に東北地方に産する豊かな砂金は、百年に及ぶ奥州藤原氏の繁栄を支えた。三代にわたる藤原家は京都の朝廷に金を贈ることで彼らを懐柔し、奥州を事実上の支配下に置いていた。その象徴というべき平泉の中尊寺金色堂を見れば、マルコ・ポーロが説いた「黄金の国ジパング」のイメージは、そう過大なものでなかったと思えてくる。

あまり鉱物資源に恵まれない日本に、かくも豊かな金があったのは、ちょっと不思議なことに思える。これに関し、最近オーストラリアのD・ウェザリーらが興味深い説を発表している。金の鉱脈は、地震によって形成されているのではないかというものだ。

地下の洞穴には、微量の金や各種ミネラルの溶けた水が高圧下に閉じ込められているところがある。地震によってこの裂け目が広がると、圧力が下がって水の一部が気化し、溶けていた金が結晶化して沈む。これが長年にわたって繰り返されることで、金の鉱脈が出来上がるのではないかという説だ。となれば、地震国である日本で金の鉱脈が見つかるのも、ゆえのないことではなさそうだ。

中尊寺金色堂の堂内

錬金術の時代

黄金を手に入れるべく起こされた戦争は、歴史上数多い。スペインのピサロらによるインカ帝国征服も、南米の豊かな金が狙いであった。インカ皇帝アタワルパを捕らえたピサロが、身柄を返す代わりに要求したのは部屋一杯の金銀で、これは身代金の金額の世界記録としてギネスブックにも収録された。

黄金の輝きが人々を突き動かした例として、カリフォルニアで起きたゴールドラッシュも有名なものだ。きっかけは、一八四八年のある朝、サクラメントの川の流れの中から砂金が発見されたことであった。この噂はすぐさま広がり、米国国内はもとより、中国やヨーロッパからも採掘者がカリフォルニアへと押し寄せた。その数はおよそ三〇万人ともいわれる。

人口数百人の小さな集落であったサンフランシスコは、数年のうちにアメリカ屈指の都市へと変貌を遂げた。ジーンズは、採掘者の作業着としてリーバイ・ストラウスが開発したものだし、クレジットカードなどで有名なアメリカン・エキスプレスは、もともと採掘者向けの運送サービスとしてスタートした会社だ。黄金を目指す人々のエネルギーは、世界的企業をいくつも生み出すきっかけともなったのだ。

一方で、血や汗を流さずして黄金を得ようとする試みも、古くから行なわれてきた。鉄や鉛などの卑金属から、金を作り出そうとする「錬金術」がそれだ。記録があるだけでも、すでにギリシャ時代にはそうした試みが行なわれているし、イスラム圏、インド、中国など、ほとんど文明のある限りの場所で、金を作り出すための挑戦が積み重ねられてきた。

西洋の術師たちが追い求めたのは、「賢者の石」と呼ばれる物質の創生であった。あえて今の化学用語でいえば、「触媒」探しということになろうか。賢者の石は卑金属を黄金に変える他、人間に不老不死の力を与えるものともされた。金を作り出すという魅力は何物にも代えがたいものがあったか、八世紀アラブの大学者ジャービル・イブン゠ハイヤーン（七二一?〜八一五年?）、一六世紀スイスの医学者パラケルスス（一四九三〜一五四一年）など、時代の最高の知性というべき人物たちが、錬金術に取り組んでいる。少々意外だが、かのアイザック・ニュートン（一六四二～一七二七年）も六〇代以降の二五年間を錬金術の研究に捧げ、果たせぬまま世を去っている。

現代化学の視点から見れば、元素の転換をフラスコ内で行なうことは実際には全く不可能で、数千年のチャレンジは全く不毛であった。しかしその過程で硝酸・硫酸・リンなど各種の化学物質が発見され、蒸留や抽出など化学実験の基本技術が磨かれていった。その意味で、錬金術は化学の母胎となった――というより、両者は地続きであり、境界線を引けるものではない。英語で化学を意味する「chemistry」は錬金術（alchemy）から来た言葉で、さらにその語源は中国語の「金（jin）」だとする説もある。現代の化学が、金に劣らぬほど有用な物質群を多数生み出していることを思えば、錬金術師たちの努力も決して無駄ではなかったともいえよう。

ウィリアム・ダグラス画「錬金術師」

こうして進歩した化学は、金の新たな用途を生み出した。金は極めて細長く延ばすことができ、導電性も高い。この性質を利用し、金は半導体の電極とチップをつなぐ配線に用いられている。最小限のスペースに高密度の配線が必要な、携帯電話などのハイテク機器に、金はうってつけなのだ。

一台のスマートフォンには、平均で三〇ミリグラムほどの金が使われているという。二〇一七年の世界のスマートフォンの生産台数は約一四億六〇〇〇万台というから、価格にして約二〇〇〇億円分の金が、世界中の人々のポケットに収まっている計算だ。こうしたハイテク機器に含まれる金は「都市鉱山」とも呼ばれ、その回収技術に注目が集まっている。

また、金はナノサイズ（一〇億分の一メートル単位）の微粒子にすると、鮮やかな赤色を発するなど、通常とは違う性質を帯びる。こうした金ナノ粒子は、有害物質の分解やプラスチック原料製造の触媒としてはたらくことが、近年明らかになった。有望なこの分野には多くの研究者が参入しており、「ナノゴールドラッシュ」と呼ばれる状況になっている。金は、もはや美しいだけの金属ではなくなってきているのだ。

黄金の魔力

黄金には、ひとつ大きな謎が残されている。黄金だけが、なぜかくも人の心を惹きつけるのかという問題だ。他にも数多の金属や貴重な材料はあれど、冒頭で触れたように、黄金ほどに人の心を惑わせ、狂わせ、虜にしてきたものはちょっと他にない。黄金が持つ、他の金属にはない魔力の正体は、いったい何なのだろうか。

これは筆者の想像に過ぎないが、黄金の輝きが太陽や火の色に似ているところに理由があるのでは、と思う。人類は古来、闇に怯え、暗夜に忍び寄る敵や動物にびくつきながら暮らしてきた。彼らにとって、焚火や朝日の輝きは希望の光であり、求めてやまぬ命綱であったに違いない。この、金色の光を求めた記憶が遺伝子に刻み込まれ、現代の我々が黄金を求める心として表れているのではあるまいか。どうも我々の金に対する愛着、執着は、本能のレベルに根ざしたものなのではと思う。

前述の通り、人類が価値を仮託する材料として、最初に選んだのは金であった。しかし、やがてその地位は銀や銅、さらに紙へと移り、今ではプラスチックカードや、実体のない電子データがその役目を引き継ごうとしている。

しかし、紙幣や電子データを、いつでも必要なものと交換できるのは、皆が「この紙には価値がある」という同じ幻想を共有しているからだ。戦争や革命、インフレなどが起これればその幻想は捨て去られ、価値は失われてしまう。

金に価値があるのも、もちろん幻想に過ぎない。ただし、それが人間の本能のレベルに訴えかけるものであるとすれば、最も強力な幻想の仮託先となる。いくら時代が変わろうと、人々は「有事の金」と唱え、財産を金に換えようとするのはこのためだろう。となれば、人類の歴史の終わるまで、金は宝として崇められ、奪い合われるに違いない。

「クレオパトラの鼻がもう少し低かったならば、世界の歴史は全く違ったものになっていただろう」というのは、哲学者パスカルの有名な言葉だ。では、金の色がもしも白銀色や青色であったら、世界の歴史や経済は果たしてどう変わっていたのだろうか。それはもしかすると今よりずっと平和な世の中であったかもしれないが、今よりずっとつまらぬ世の中になっていたかも、という気がする。

第2章　一万年を生きた材料――陶磁器

容器と人類

引っ越しの時、荷物をまとめてダンボールに詰め込んでしまってから気づくのが、容器というものの有難味だ。水を飲もうにもコップがない、食事をしようにも皿やお椀がない、ゴミを捨てようにもゴミ箱がない。ふだんまるで意識しないが、いかに我々は容器のお世話になっているか、改めて思い知らされる。

してみると、人類最初の発明品のひとつが容器であったことは、実に当然のことだったのだろう。特に、土をこねて成形し、火で焼いて作った土器は、世界の各地で古くから用いられてきた。ある学者に言わせれば、考古学というものはどこの国であれ、まず壺とその破片を探すところから始まるという。土器、陶器、磁器などの発達度合いは、その文明の成熟度を測るよきバロメーターだ。

何より驚くべきことに、プラスチックやアルミニウムなどの優れた新材料が豊富に手に入る現在でも、焼き物という材料はなおバリバリの現役だ。現在我々が日常的に使っている茶碗や土鍋は、各地の遺跡から出土する土器と、形状や材質など基本的に変わっていない。

焼き物は、その用途の多彩さも大きな特徴だ。値段もつけられないほど貴重な芸術品の壺から、レンガやタイル、瓦などの身近で安価な建材まで、焼き物の活躍の場は途方もなく広範囲にわたっている。人類の文明を、これほど長期にわたって幅広く支えてきた材料は、数えるほどしかない。

焼き物の誕生

では、最初の焼き物——いわゆる土器はいつごろ作り出されたのだろうか。今のところ世界最古と見られているのは中国湖南省で発掘された土器で、約一万八〇〇〇年前のものと報告されている。また日本でも、大平山元《おおだいやまもと》遺跡（青森県）で発掘された縄文式土器は、約一万六〇〇〇年前に作られたと見られている。エジプトやメソポタミアの文明よりはるかに古くから、東アジアでは土器が用いられていたわけだ。

水で練った粘土を、干した上で火で焼き上げると硬く丈夫な材料になる——これは、火を使っていれば自然に見つかることだろう。火の使用開始の年代は諸説あるが、少なくとも二〇万年は遡ることができる。であれば、もっと早くから土器の使用が始まっていてもよかったはずだが、なぜかくも長い時間がかかってしまったのだろうか。この単純な問いに対する決定的な答えは、実はまだないようだ。

日本での土器の利用開始時期は、氷河期の終わり頃に当たっている。このためドングリなどの食料が入手しやすくなり、これをよく煮てアク抜きをするために土器が作り出されたとの見方がある。こうして確実に食料を得られるようになれば、獲物を求めてあちこち移動する必要も薄れる。定住のために土器が作り出されたのか、土器が定住を促したのか、いずれにしろ定住生活の開始という人類史の大きなターニングポイントに、土器の存在は密接に関わっていたことだろう。

縄文中期の深鉢型土器

やがて、様々な目的に合わせた土器づくりが行なわれるようになる。焼き物を表す漢字には、「壺」「碗」「瓶」「罐」「甕」「甑」「坏」「鬲」などなど、驚くほど多くの種類があり、古代人がこれらを丁寧に、巧妙に使い分けていたことを窺わせる。こうしたさまざまな容器を駆使し、水や食料の調理・保存ができるようになったことは、安全な食料の確保や伝染病の防止につながった。土器の利用は、人類の繁栄に大きく与ったといえる。

日干しレンガで造った家

焼き物が硬いわけ

粘土をこねて干しただけでも、形状を保つことはできる。実際、中東や北アフリカなどの地域では、粘土を型に詰めて天日干しして作った「日干しレンガ」が建材として広く使われる。ただしこれは雨に弱く強度も劣るから、乾燥した地域ならともかく、日本のような気候ではとても使えない。壺などを日干しで作っても、水を入れれば溶けてしまうから、もちろん実用にはならない。成形したものを火で焼くことで、初めて実用に耐える焼き物になる。

粘土を焼くことで、強度や耐水性が高まるのはなぜなのだろうか。ひとことで言ってしまえば、高熱によって化学反応が起こって原子同士がつながり合い、新しいネットワークができるためだ。

粘土は、各種の鉱物の細かな結晶が寄り集まったものだ。結晶内、すなわち粘土の一つ一つの粒子の内部では、ケイ素やアルミニウムなどプラスに帯電しやすい原子と、マイナスに帯電しやすい酸素などが交互につながり合い、ジャングルジムのような強固なネットワークを形成している。

ただし、結晶の表面にある原子には、つながり合う相手の原子がない。そこで表面の原子は、水などの分子から奪った水素原子と結合したり、不規則な形で近所の原子ととりあえず結びついたりして、独り身の寂しさをごまかしている。これら表面の原子は、機会があればきちんとしたパートナーを見つけ、結晶内部の原子と同様に安定的なつながりを持ちたいものと、常に願っている状態だ。

火による加熱は、こうした独り者の原子に願ってもない「婚活」の機会を提供する。熱は原子の動きを活発化し、結合の組み換えを促すのだ。水で練られ、成形された粘土は、細かな結晶同士がぴったりとくっつき合った状態にある。熱によって表面原子を揺り動かすと、この結晶同士を橋渡しするように新たな原子間の結合ができ、結果として全体がよりしっかりとしたネットワークになる。これが、もとの粘土塊にはない焼き物特有の強さの秘密だ。

焼き物は、数千年にもわたって形状を保ち、もとの粘土に戻ることは決してない。我々の祖先が丹精込めて焼き上げた縄文式土器を、現代の我々が変わらぬ姿で眺められるのは、ひとえに丈夫な原子同士のネットワークのおかげなのだ。

製陶と環境破壊

こうして粘土を低温で焼いて作ったものは、いわゆる「素焼き」と呼ばれ、縄文式土器や弥生式土器は全てこれに当たる。特に中国では、焼き物に適した土選び、水簸《すいひ》による粘土の精製（水中での沈降速度の差を利用し、粘土の粒径を揃える）、ろくろによる成形など、高度な技術が発

始皇帝陵兵馬俑坑１号坑

展した。
有名なのは秦の始皇帝陵の兵馬俑で、身長約一八〇センチの兵士などをかたどった素焼きの人形が、約八〇〇〇体も埋められている。これらは全て顔料で彩色されており、水銀の川や湖も作られるなど、陶製の地下都市と呼ぶべきものであった。その精緻な細工とスケールを見れば、今から約二二〇〇年もの昔に達した技術水準に驚嘆せずにはいられない。
ただしこうした大規模な製陶は、弊害を伴わずにはおかなかった。緑豊かなメソポタミアの地が砂漠と化してしまったのは、建材やレンガ製造の燃料としてレバノン杉を大量に伐採してしまったことが一因とされる。
また中国でも、万里の長城建設のために大量のレンガが必要となり、森林が伐採された。特に明の永楽帝は、遊牧民族の拠点に近い北京に首都を移したために長城の大幅強化を迫られ、この時に多くの森林が失われている。古代には五〇パーセントを超えていたとみられる黄土高原の森林率は、今や五パーセントに落ち込んでおり、一帯は乾燥地帯と化した。この砂漠化は、春に飛来する黄砂の原因として、現代の日本にも少なからぬ影響を与えている。

釉薬の登場

素焼きは土の塊に比べればはるかに強度が増しているとはいえ、原子がつながってできたネットワークが比較的粗いため、ひとかたまりの岩石の頑強さにはとうてい及ばない。素焼きの器に衝撃を与えれば、せっかくできた結合はちぎれ、全体はパリンと音を立てて砕け散ってしまう。こうしたもろさは、材料としての大きな弱点だ。

もうひとつ、素焼きは微細な孔が全体に開いており、ここから水や空気が通過する。現代の植木鉢に素焼きの焼き物が用いられるのは、側面から水や空気を通し、根腐れや過湿を防ぐためだ。この性質は植木鉢にするにはよいが、ティーカップや水瓶として使うには大きな欠点となる。

これを補うのが釉薬《うわぐすり》だ。粘土の表面にある種の石の粉末や灰などを塗った上で焼くと、表面が熔融してガラス質となり、細かな孔がふさがれるために強度や防水性が上がる。しかも表面に艶が出て、光をある程度通すようになり、美しさも増す。

燃料の木材から出る木灰は、カリウムなどのアルカリ分を含む。これはケイ素や酸素の結合の間に入り込み、結合をいったん切って熔けやすくする。これが冷えると、ガラス質となるのだ。こうした木灰による「自然釉《しぜんゆう》」から、釉薬の役割が偶然に見つかっていったのだろう。中国では、すでに殷王朝（紀元前一七～前一一世紀）の時代から、釉薬が用いられていた。前漢時代後期には酸化鉛を含む鉱物を釉薬として用い、美しい緑色に発色した鉛釉《えんゆう》陶器が生み出されている。

こうした各種釉薬と土の種類、焼成温度などの組み合わせによって、器の色や風合いは複雑に変化し、工芸作品としての価値を生み出す。その奥の深さたるや恐ろしいばかりで、熟練の陶芸家でさえも常に試行錯誤の繰り返しだ。科学のメスも入りつつあるものの、最先端の科学と技術をもってしても、思い通りのものを自在に創り出すにはほど遠いのが現状だ。

白磁の誕生

筆者が話を伺ったある陶芸家によれば、要するに陶磁器の歴史とは、いかに白い器を作るかの歴史なのだという。白い器は食べ物の色合いを引き立て、彩色も鮮やかに映える。いにしえより美容家たちが白く滑らかな肌を目指したように、陶芸家たちも純白の艶やかな焼き上がりを目指したのだ。

現代の我々は、真っ白な食器を見慣れている。その多くは、陶器ではなく磁器と呼ばれるものだ。陶器は粘土を主原料とし、八〇〇～一二五〇度程度の比較的低温で焼く。できた陶器は光を通さず、茶色など薄い色がついている。厚手でひび割れやすく、叩くと鈍い音がする。厚手の湯呑みや土鍋を思い浮かべていただければよいだろう。

これに対して磁器は白く滑らかで硬く、叩くと金属的な澄んだ音がする。光を通すが、水は通さない。表面の凹凸が少ないため洗いやすく、見た目にも清潔感があるため、食器に向いている。

陶器と何が違ってこのような仕上がりになるかといえば、原料と焼成温度が異なるためだ。石英や長石、カオリナイトなどの岩石を粉末に碾き、水で練って成形した後、何度かに分けて焼く。最後に一三〇〇度程度の高温で焼くことで、表面の釉薬が熔融・浸透し、滑らかで艶やかな仕上がりとなる。

宋代の磁器

磁器が純白であるのは、色のもととなる重金属のイオンをほとんど含まないためだ。天然の鉱物でも発色のもとになっているのは各種の金属イオンで、たとえば同じコランダムという鉱物でも、微量のクロムを含むものは赤く色づいてルビーに、鉄やチタンを含むものは青くなってサファイアとなる。陶磁器においても、釉薬や土に含まれる金属イオンが彩りを決めることが多い。

後漢時代初期（一世紀後半）には、いわゆる青磁が登場した。これは原料に微量に含まれる鉄分のため、美しい青緑色をしている。さらに、鉄分をほとんど含まないカオリナイトが発見され、純白の白磁が本格的に作られるようになったのは六世紀後半、隋の時代からであったようだ。これがいかに大発明であったか、その後の歴史を見れば明らかになる。

海を渡った白磁

白磁は、その後の唐、五代、宋の時代を経て、大きく発展する。特に文化芸術の発展に力を入れた北宋では、「官窯《かんよう》」を指定して宮廷で用いる什器を製造させた。これが有名な景徳鎮《けいとくちん》で、以後世界の陶磁器文化の中心として大いに繁栄した。芸術を愛好した清の乾隆帝《けんりゅう》は、「趙宋の官窯は晨の星を看るごとし」と詠み、この時代の磁器を大いに讃えている。

一方、民間で用いる磁器の製造所としては「磁州窯」が最大のもので、磁器の名はここから来ている。こちらは民間で用いるものであるため、景徳鎮より装飾性が強く、絵画的意匠が積極的に取り入れられている。

世界帝国である元の時代になると、盛んになった東西交流がまた新たな機運を生み出す。イスラム圏から輸入された、コバルト顔料による絵付けが行なわれるようになったのだ。深い青色を安定して表現できるコバルト顔料と純白の磁器の組み合わせは、多くの名品を生んだ。我々にもなじみ深い、白い皿に青で文様が描かれた食器はこうして生まれたわけだ。これらはトルコやエジプトなどイスラム圏に多量に輸出され、大いに人気を呼んでいる。

中国の歴代王朝が生み出す磁器の魅力は、世界中を魅了した。海を渡ってすぐの我が国も、もちろんその例外ではなかった。日本でも焼き物は盛んに製造されていたが、これらはいずれも陶器であり、純白の磁器を焼く技術は存在しなかった。しかし安土桃山時代に入って、茶の湯が流行を見たこともあり、陶磁器の需要は大いに高まっていた。

磁器製造技術の取り入れは、残念ながら平和な形では行なわれなかった。豊臣秀吉による朝鮮出兵（文禄・慶長の役）は無残な失敗に終わったが、この際に日本の大名は朝鮮の陶工を多数連れ帰ったのだ。こうして、世界の陶磁器の歴史の中でも絶頂に達しつつあった技術が、海を越えることになった。

陶工たちは、それぞれの地で製陶に適した土を見出す。肥前有田では磁器に適した陶石が発見され、現在の佐賀県南部は一挙に日本の陶磁器生産の中心地にのし上がった。中でも酒井田柿右衛門は、赤色に発色する釉薬を用いた「赤絵」と呼ばれるスタイルを確立し、現代の一五代目に至るまでその技術は受け継がれている。

柿右衛門様式の有田焼

ヨーロッパの磁器

中国の磁器に魅せられたのは、もちろん日本人だけではない。ヨーロッパでもルネサンス以降に磁器ブームが巻き起こり、莫大な量の器が輸入された。今でも英語において、小文字で「china」と書いた場合、陶磁器を意味するほどだ。

一六四四年に明が滅亡して磁器の生産がストップすると、伊万里焼をはじめとする日本製の磁器が大量に買い付けられた。自らの富と趣味の良さを誇示するため、王侯は争って東洋の器を求め、壁一面に磁器を並べた「磁器の間」を造る者さえ現れた。磁器は「白い黄金」と呼ばれるほど、貴重なものであったのだ。

ザクセン選帝侯であったフリードリヒ・アウグスト一世（一六七〇～一七三三年）は、中でも深く東洋の磁器を愛好した一人であった。彼は素手で蹄鉄をへし折るほどの剛力の主であり、多数の愛人との間に三六〇人もの子をなしたという途方もない精力家であったが、一方で芸術を愛好し、選帝侯位に就くや否や一〇万ターレル（現在の額で約一〇億円）を投じて磁器を買い漁ったといわれる。

一七〇一年、そんなアウグストのもとに転がり込んできたのが、ヨハン・フリードリヒ・ベトガー（一六八二～一七一九年）という男であった。彼はわずか一九歳であったが、自分には錬金術が可能であると主張したため、これを聞いた黄金の愛好家であるプロイセン王に追われていた。アウグストは逃げ込んできた彼を幽閉し、黄金づくりにあたらせるが、第1章で論じたように当時の科学技術では元素転換は不可能であり、当然成果は出るはずもなかった。

一七〇五年、しびれを切らしたアウグストはベトガーをマイセンに移し、目標を磁器製造へと変えさせる。さまざまな実験を繰り返す中で、彼は一七〇八年に初めて白い焼き物の製造に成功、一七〇九年にはついに釉薬によって滑らかな艶のある磁器を作り出した。東洋の至宝であった磁器が、初めてヨーロッパで生み出された瞬間であった。ここまでに費やされた研究費は、六〇〇〇万ターレルにも及んでいたという。

アウグストはこのマイセンの地に工場を設立し、磁器の量産を開始した。これが現在まで西洋白磁の頂点に君臨し続ける、マイセン磁器の始まりであった。東洋の技術と西洋のセンスが融合した名品の数々は、現在も人々のあこがれであり続けている。

しかし、この巨大な功績を上げたベトガーは、その後悲惨な運命をたどる。磁器製造の秘密を守るため、完成後も幽閉の身を解かれず、新たな実験を強いられたのだ。おそらくはこの境遇のため、やがて彼は精神に変調を来す。実験に用いた鉛や水銀も、彼の身体を蝕んだことだろう。結局ベトガーは酒に溺れ、一七一九年にわずか三七歳でこの世を去っている。

マイセン磁器

陶磁器からファインセラミックスへ

こうして工芸品・芸術品としての陶磁器は頂点を迎えたが、一方で身近な食器などとしても用いられ、現代でも我々の暮らしに欠かせない存在となっている。かつて命がけで作り出された白磁の皿が、今や一〇〇円ショップに大量に陳列されているのだから、ベトガーがこれを見たら目を回すことだろう。

当初は手近な粘土を使っていた土器が、やがて粒度の揃った土を厳選して用いて優れた陶器が作り出されるようになり、さらにカオリナイトなどの鉱物を用いる磁器が生まれた。焼き物の歴史を大摑みにいえば、原料の精製度を上げ、焼成温度をコントロールすることで、より美しく強い材料が作り出されてきた歴史だ。

現代では化学合成技術により、純度一〇〇パーセント近い材料を用いることが可能になり、粒のサイズや、焼成温度も細かくコントロールできる。これらを用いれば、はるかに優れた「焼き物」を創り出すことも可能だ。いわゆるファインセラミックスと呼ばれるものがそれだ。

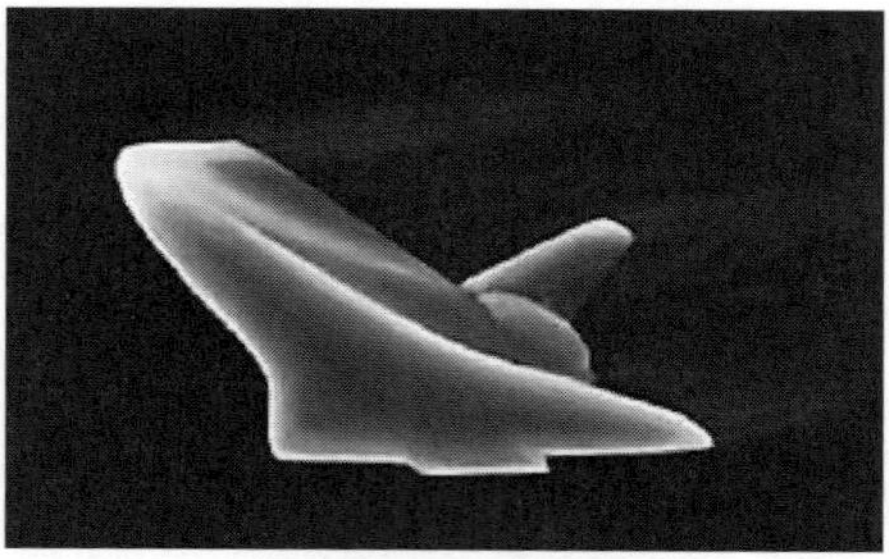
ファインセラミックスで覆われたスペースシャトルの大気圏突入時の想像図

こうして生み出される新材料は、風合いなどの芸術性の領域はさておき、こと機能性だけを評価すれば、従来の陶磁器のイメージをはるかに超えた性能を示す。歯の詰め物や鋭利な刃物に用いられるほど強度の高いものさえあり、耐熱性も高いため、宇宙ロケットや大型加速器にも欠かせない存在となっている。

ファインセラミックスの強さの秘密は、要するに原子レベルで均一性の高い構造となっているという点に尽きる。ブロックを積み上げる時、一ヶ所でも穴やデコボコがあると、負荷がかかった時にそこから崩れ、全体が崩壊してしまう。これと同じで、さまざまな元素を不純物として含んだ天然の粘土から作った焼き物は、構造の欠陥をたくさん抱えたものとなってしまう。ファインセラミックスは、高純度の原料を使い、焼成条件などを工夫することで、欠陥が大きく減少しているのだ。

またファインセラミックスは、天然の粘土を原料とする場合と異なり、構成元素を自由に変えることができる。たとえばコンデンサや電池の電極などの、電気材料を作り出すことも可能だ。磁石の章で取り上げるフェライトなどの高性能磁石や、現在盛んに研究が進められている高温超伝導材料なども、セラミックスの一種といえる。

こうしたハイテク材料は、すでに我々の身の回りにも浸透し、これらなしの生活は今や考えられない。そしてこういった先端材料でも、粉を練って焼くという基本は縄文土器の時代と全く変わっていないのは面白いことだ。

原料となる元素は一〇〇種類以上もあるし、組み合わせや割合、焼成温度などを考えれば、可能性は事実上無限ともいえる。一万年以上を人類と共に歩んできた陶磁器だが、この材料はまだまだ潜在能力を隠し持っているのだ。

第3章　動物が生み出した最高傑作——コラーゲン

ヒトはなぜ旅をするのか

筆者の趣味はドライブで、若い頃には北は稚内から南は鹿児島まで、自分の車で走り回ったものだ。日常の仕事や人間関係を離れ、ただ車を走らせていれば、ふだんの憂さもモヤモヤも吹っ飛んでいく。このまま何もかも捨てて、どこまでもフラフラと走っていきたいと思ったことも、一度や二度ではなかった。

ここではないどこかへ、時間を忘れて旅をしたいという思いを持つ人は、何も筆者だけではあるまい。人間という生き物は、みな本能のどこかに、漂泊の旅への思いが刻まれているのだと思う。でなければこんなにも、人類が世界の隅々まで広がることはなかっただろう。灼熱の砂漠から南極の果てまで、かくも生息範囲を広げた動物はヒトの他に一種もいない。

なぜヒトは旅するのだろうか。普通に考えれば、どこか安全なひとところにじっと留まって暮らす方が良いように思えるが、なぜこうした性質が遺伝したのだろうか。筆者の勝手な考えを書くなら、あちこち出歩くことを好む人は、新しいものに出会いやすいからではないだろうか。今までになかった優れたものを見つけ出し、活用することが、文明の進展には不可欠であった。

優れたモノやアイディアを持った人同士が出会うと、お互いにそれをやり取りしたり改良したりして、さらに優れたものに進化させることが起こる。人が一生ひとところに留まっていれば、素晴らしいアイディアもぶつかり合い、磨かれ合うこともない。人が動き回ることは、文明の進展に必須の要素であったはずだ。

マット・リドレー著『繁栄』（早川書房）には、その実例としてタスマニア島のケースが挙げられている。この島はかつてオーストラリア大陸と地続きであったが、海面の上昇によって一万年ほど前に本土から切り離された。すると、よそで開発された新技術は入ってこず、持っていた技術も継承者がいなくなるたびに消えていく。結局タスマニアからは、ブーメランや骨製の釣り針、魚とりの罠や衣服を作る技術が、わずか数千年で失われてしまったという。外部との交流を断たれて自給自足の状態に追い込まれると、進歩が止まるどころか衰退さえ起きてしまうのだ。筋力ではなく頭脳を武器として生きる人類には、過酷な旅のリスクを冒してでも、移動と交流、交易を行なうことが決定的に重要なのだ。

もちろん、人類は好んで旅をするばかりではなく、必要に迫られて長くさすらわねばならな

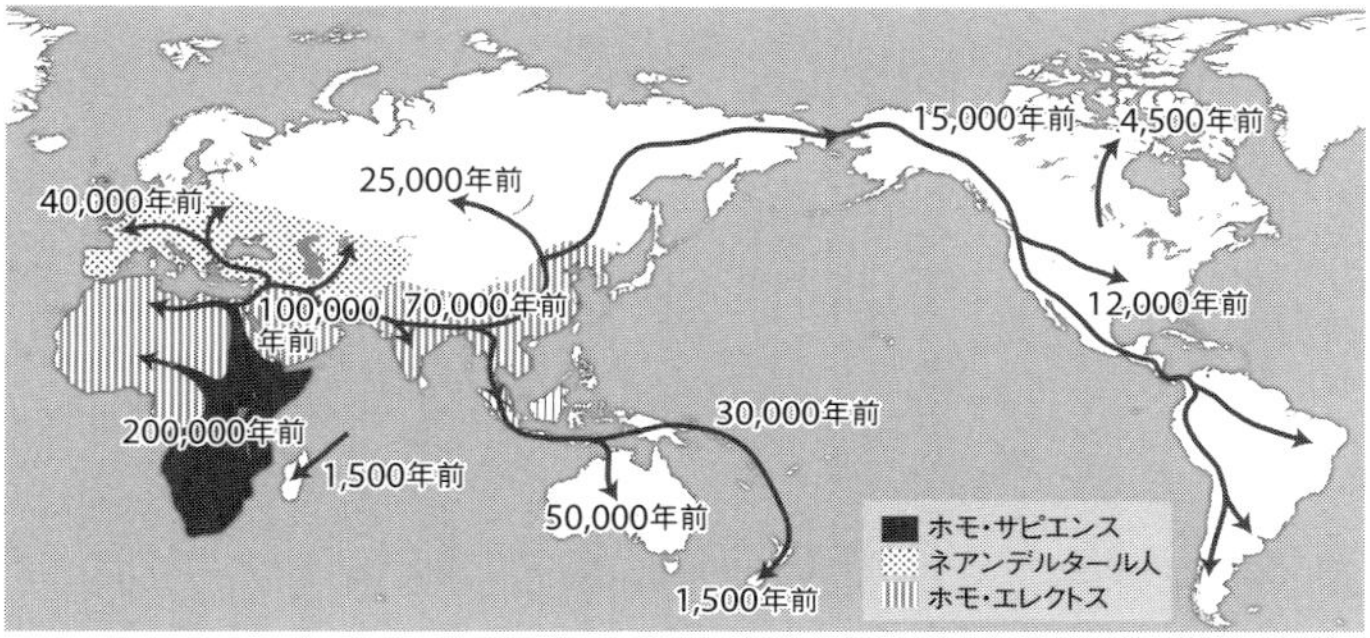

人類の移動ルート

いことも多かった。その証拠として、アメリカ先住民族はほとんど血液型がO型であるという事実がよく挙げられる。彼らは、当時まだ地続きであったベーリング海峡を渡って、アジアからアメリカ大陸に移り住んだ人々の子孫だ。この時の厳しい旅で、たまたまA型やB型の遺伝子を持つ人が減少してしまい、現在に至っていると考えられている。

なぜ彼らは、こうした過酷な旅に出なければならなかったのだろうか。彼らがアメリカ大陸に渡った約一万五〇〇〇年前（諸説あり）は、地球が経験した（今のところ）最後の氷河期であった。食料のある温暖な新天地を求め、彼らは長くあてのない旅に出るほかはなかったのだ。

人類はこの他にも、寒冷化による食料危機に何度も襲われており、それを裏付ける証拠もある。人類は、その個数のわりに、驚くほど遺伝的特徴が均質であることが知られている。数百万年の歴史を経て、七〇億以上の個体がいる以上、本来であればもっと遺伝子に多様な変化が起きていてもよいはずなのだ。

その原因として、トバ・カタストロフ理論という説が唱えられている。今から七万五〇〇〇年ほど前、インドネシアにあるトバ火山が巨大噴火を起こした。その溶岩の量は、一九八〇年に起きたセント・ヘレンズ火山大噴火の約三〇〇〇倍という、途方もない大噴火であった。巻き上げられた火山灰によって太陽光は遮られ、以後数千年にわたって全地球は強烈な寒冷期を迎えた。人類は、わずかな食料と陽光を追い求め、あちこちさまよう羽目になった。

この時かろうじて生き延びたわずか数千組の夫婦が、現代に生きる全ての人類の祖先になったと考えれば、先に述べた遺伝子の均一性が説明できるという。人類は真に絶滅ぎりぎりの、際どいところまで追い込まれていた可能性があるのだ。

人類を救った毛皮

このように、人類は何度も氷河期を経験してきたし、そうでない時期にも、寒冷な地域を旅せねばならぬことも多かった。そうした人類にとって、長らく唯一の防寒着であり続けたのが、動物の毛皮であった。

毛皮の利用は、旧石器時代には始まっていたとみられ、洞窟や墳墓に残された当時の絵画もそのことを裏付ける。狩猟生活を営んでいた我々の祖先にとって、毛皮は何より手に入りやすく、優れた防寒着であった。強力な獣の皮をまとうことで、その力を我が身に取り入れようという、霊的な意味合いも強かったことだろう。様々な色や模様の動物の毛皮で身を飾ることは、服飾文化の記念すべき第一歩でもあった。

毛皮を採取するには、動物の丈夫な皮膚を切り裂き、余分な肉や脂肪を削り取る必要がある。得られた皮は、そのまま利用するのではなく「なめす」加工をすることで、初めて使いやすい「革」となる。

「なめす」とは、漢字では「鞣す」と書き、文字通り革を柔らかくする工程だ。腐敗しやすい動物の脂や余分なタンパク質を除き、コラーゲン鎖同士の結びつき（後述）を変化させることで、全体を柔らかくし、耐久性を向上させる。古くはひたすら皮を歯で噛み、唾液でなめしを行っていたが、やがて柿渋など植物タンニンを用いる方法が開発された。現在ではクロム塩など化学薬品を用いることで、省力化が図られている。

これらの工程は熟練を必要とし、また糸や縫い針などの道具製造も高い技術を要する。毛皮作りは、人類最初の「職人芸」を育む場ともなったであろう。こうして作り出された毛皮の衣服は、人々を寒さから守り、多くの命を守ってきた。

実際、衣服の起源は前述のトバ・カタストロフにあるとする説がある。人間に寄生するシラミには、頭皮につくアタマジラミと、衣服につくコロモジラミがいるが、DNA解析からこの両者が分化したのは約七万年前であることが判明している。つまり、トバ火山噴火による寒冷な気候をしのぐために、人類は衣服を発明したと考えれば辻褄が合う。多くの種が絶滅に追いやられた中、人類にとって毛皮はこの上なく心強い味方であった。

コラーゲンの秘密

皮革は柔軟性・保温性に富み、丈夫で軽い。様々な代替材料が現れた今もなお、革製品が人気を集めるのも当然と思える。この秘密は、皮の主成分であるコラーゲンの性質に依るところが大きい。

コラーゲンというと、一般には化粧品など美容関連製品をイメージする方が多いと思う。しかし実際には、我々の体にたくさん含まれるタンパク質の一種だ。コラーゲンは細胞と細胞の隙間を埋め、互いに貼り合わせる役割を持つ。

骨もまた、コラーゲンを重要な成分としている。コラーゲン繊維の間をリン酸カルシウムの結晶が埋めた、鉄筋コンクリートに似た構造であるため、非常に頑丈なのだ。要するに、我々の体を支え、形を保たせているのはコラーゲンであるといっても差し支えない。このため、人体のタンパク質のうち、三分の一はコラーゲンだといわれる。

しかし人体において圧倒的多数派のコラーゲンは、タンパク質としては異端児でもある。タンパク質は、二〇種あるアミノ酸が一定の配列で長くつながったものだ。しかしただスパゲッティのように長く伸びているのではなく、決まった形に折り畳まって球状になっている。タンパク質は必要な化合物を作り出したり、情報を伝えたりなどそれぞれ機能を持っているが、こうして一定の形に折り畳まっていないと、機能を発揮できない。

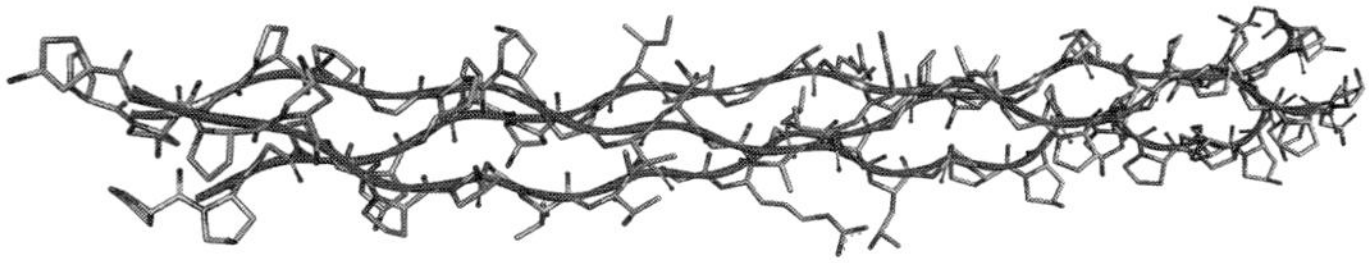

コラーゲンの３重らせん構造

しかしコラーゲンは、長く伸びた鎖が三本絡まり合った、三重らせんの長い繊維として存在している。また、多くのタンパク質は細胞内ではたらくが、コラーゲンの仕事場は細胞の外だ。

さらにコラーゲンは、他のタンパク質にはほとんどみられない、奇妙なアミノ酸を持っている。プロリンやリジンというアミノ酸に、ひとつ余計にヒドロキシ基（酸素と水素から成る原子団）がくっついたものだ。他の何万種というタンパク質のほとんどが、二〇種のアミノ酸の組み合わせだけで驚くほど多彩な機能を引き出しているというのに、コラーゲンは全くの掟破りをやってのけている。

わざわざ掟破りをしただけのことはあり、この余分なヒドロキシ基は重要な役目を演じる。先ほど、コラーゲンは三本の鎖が絡み合った三重らせん構造をとると述べた。プロリンについた余分なヒドロキシ基は、隣の鎖の水素と「水素結合」という力で結びつき、より合わせられた三本の鎖がほどけぬようにロックをかける役目を負っているのだ。

このロックがかからないと、実に悲惨な運命が待っている。ビタミンCの摂取が不足すると、ヒドロキシ基の取り付けがうまく行なわれなくなり、水素結合のロックがかからなくなる。すると丈夫なコラーゲンができなくなり、全身の血管がもろくなるなどの症状が出る。これが壊血病で、現在ではほとんど見られないが、大航海時代の船乗りたちの間で猛威を振るった。人体を支える重要物質なればこそ、少しの欠陥が生命活動全体に大きなダメージを与えてしまうのだ。

コラーゲンの特別な仕組みはこれだけではない。コラーゲンの三重らせんの繊維同士を、橋架けするようにつなぐ特殊な結合が見つかっている。これまた他のタンパク質ではほとんど見られない、掟破りの構造だ。これにより、鎖同士がところどころでつながり合って網の目のようになり、極めて丈夫なネットワークが出来上がる。

橋架けの数が増えれば全体に丈夫になるが、柔軟性を失うことにもなる。実は、人間の皮膚のコラーゲンでは、加齢に従ってこの架橋が増えていくことが知られている。ヒトの皮膚が加齢とともに柔軟性を失い、しわができてくるのは、この架橋が増えることが原因の一つだ。架橋結合は、若さと美容にとっては敵となるが、この結合が強靱なコラーゲン繊維を作り、毛皮の丈夫さ、保温性のもとともなっていることを思えば、なかなか足を向けて寝られない存在でもある。

武器としてのコラーゲン

コラーゲンは、皮膚を作るばかりではない。前述のように、骨もコラーゲンを主要成分として含んでいるし、腱などはほぼ純粋なコラーゲンの塊といってもよいほどだ。これらもまた、石器時代の人類にとっては重要な材料となった。

　映画「2001年宇宙の旅」で、サルが武器として使った骨を天高く放り投げると、それが軍事衛星に変わるという有名なシーンがある。スタンリー・キューブリック監督は、人類が最初期に使った武器である骨と、最新鋭の武器である軍事衛星とを対比させ、このワンシーンに人類の歴史を凝縮してみせた。入手容易で、硬く手頃な重さの骨は、投石と並んで人類最初の強力な武器であったはずだ。

　もちろん、骨は他の用途にも広く使われた。たとえば長野県の野尻湖からは、旧石器時代のものと見られる、動物の骨製のナイフやスクレイパー、尖頭器などが出土している。青銅などの金属が普及するまで、骨は貴重な硬質材料であり続けた。

　骨は、記録媒体ともなった。一九世紀末、清の学者・王《おう》懿《い》栄《えい》は、持病の治療のために「竜骨」と呼ばれる漢方薬を買い求めたところ、何やら文字らしきものが刻まれていることに気づいた。これこそが甲骨文字で、漢字の原型となったものであった。

甲骨文字

　殷王朝の時代には、牛や鹿の肩甲骨に熱した金属棒を押し当て、そのヒビの形で吉凶を占うことが行なわれていた。占いの結果をその骨に刻み込んだのが、いわゆる甲骨文字だ。この骨は三〇〇〇年後に掘り出され、正体のわからぬままに漢方薬として用いられていたのだ。この方面に造詣が深い王懿栄の目に触れていなければ、さらに多くの貴重な史料が、粉末となって人々の胃袋に消えていたことだろう。骨という、硬く劣化の少ない媒体に刻まれていたおかげで、漢字のルーツが現代の我々の目に触れることになったのは、実に幸運なことであった。

弓矢の時代

コラーゲンの兵器への応用は、棍棒代わりの骨ばかりではない。弓の材料として、コラーゲンをたっぷり含んだ弾性の高い骨や腱が使われたのだ。

最古の弓矢は、ヨーロッパで出土した約九〇〇〇年前のものだが、実際にはさらに古くから使われていたとみられる。遠距離から正確に標的を狙い射つことができる弓矢の出現は画期的であり、これによって筋力にもスピードにも劣る人類が、強い動物を安全に狩れるようになった。弓矢の開発により、人類は一挙に食物連鎖の頂点へと駆け上がったといえる。

弓矢は広く用いられ、更に長い飛距離と速射性を求めて改良が加えられていった。弓の材料としては主に木材が用いられていたが、これだけでは弾力と剛性に限界がある。そこで、木製の弓の裏に動物の骨や腱を貼り付けた「複合弓」が開発された。小型かつ軽量で、馬に乗ったままでも扱いやすい複合弓は、騎兵にとって格好の武器となった。モンゴル帝国の世界征服においても、複合弓は主要な役目を演じている。

元寇でも使われた複合弓

強力な弓を作るためには、弾性の高い骨や腱に加え、これらをしっかりと木材に貼り付ける接着剤が必要不可欠となる。このために利用されたのが、膠《にかわ》であった。

先ほど述べた通り、コラーゲンは三重らせん構造を取る。これを水中で煮込むと、鎖がほどけてばらばらになり、たっぷりと水分を取り込んでふやけた塊になる。これがゼラチンで、ゼリーや煮凝り、グミなどの食材として重要だ。

膠もまた、ゼラチンを主成分とした材料だ。コラーゲン（collagen）という言葉は「膠」を語源とし、絵画技法の「コラージュ」（collage）と同根の言葉だ。日本語でコラーゲンのことを「膠原《こうげん》」というのはこのためだ。

骨や腱もコラーゲンなら、膠もコラーゲンが元になっているわけで、要するに複合弓はコラーゲンでコラーゲンを貼り付けた武器であったわけだ。優れた材料の力は、様々なかたちで人類の力を増幅する役割を果たしてきたが、これもそのよい一例に数えられるだろう。

コラーゲンの今

時代が進むにつれ金属や陶器などが普及し、骨器などは活躍の場を減らしていく。一方で、毛皮は相変わらず人々の憧れであり続けた。エジプトのファラオたちは、ヒョウやライオンの毛皮を身にまとうことで神性を表現したし、ヨーロッパの王や貴族も豪奢な毛皮を着ることで贅を競い合った。有名なナポレオンの戴冠式を描いた絵にも、白貂《てん》の毛皮をたっぷり使ったマントが描き込まれている。毛皮は長い歴史の中で、変わらず権力と富の象徴の地位を保ち続けてきた。

このため、特に近代以降、世界中で組織的な毛皮獣の猟が行なわれた。美しい毛皮を持つ動物たちにとっては、これは災難以外の何物でもなかった。多くの生物が毛皮狩りの対象となり、絶滅または絶滅寸前に追い込まれている。日本でも、明治に入って外貨獲得のために、良質で保温性の優れた毛皮を持つニホンカワウソが乱獲され、あっという間に生息数は激減した。一九七九年以来確かな目撃例はなく、二〇一二年ついに「絶滅種」の指定を受けることとなった。

近年野生動物への保護意識が高まり、毛皮着用に対する反対運動が起きたこと、合成皮革（布地に合成樹脂を塗布して作る）の進歩によって、見た目も保温性も天然のものに劣らない製品が登場したことにより、ようやく毛皮獣の減少には歯止めがかかりつつある。その他の皮革製品も、以前に比べれば目にする機会は少なくなっている。

また写真のフィルムも、コラーゲンの活躍の場であった。カラー写真のフィルムは、プラスチックフィルムの上に、各種の感光剤をコラーゲンに分散させ、層状に塗り重ねたものだ。コラーゲンは長期間の保存に耐え、現像時に水分を保持するなど、写真フィルムに最適の材料であったのだ。

しかし二一世紀に入って、デジタルカメラの急速な普及により、写真フィルムはあっという間に市場から姿を消した。今や携帯電話で撮ったばかりの写真が、即時にSNSで世界に広がる時代だ。写真店にフィルムを持ち込み、数日かけて現像してもらっていた時代は、もはや遠い過去のように感じられる。

ではコラーゲンの活躍の場はこのままなくなっていくのかといえば、そんなことはない。生体とのなじみがよいコラーゲンは、医療・バイオ分野で活躍の場を広げているのだ。すでに、化粧品や医薬の添加物として、コラーゲンは広く用いられている。

白貂の毛皮を纏ったナポレオン

また、外科手術の際にコラーゲンで作った糸で傷を縫えば、やがて糸はゆっくりと分解吸収されるため、抜糸の必要がない。美容整形の際にコラーゲン注入が行なわれるのも、これと同じ理由だ。コンタクトレンズや歯周病の治療にも、コラーゲン製品が用いられている。

そして現在、コラーゲンは再生医療に不可欠な材料として大きな注目を集めている。病気やケガによって失われた臓器や体の機能を、自らの細胞をもとに再構築し、移植する治療法だ。他人の臓器などを使う移植手術に比べ、拒絶反応や倫理面などの問題が軽減されるため、未来の医療として大きな注目を集めている。

ただし、細胞は栄養さえ与えれば勝手に増えるものではない。また臓器移植などに用いる場合には、増やした細胞を必要な形状に成形する必要がある。そこで、ゲル状のコラーゲンを敷いた上に細胞を培養する手法が広く行なわれている。

コラーゲンはもともと細胞同士を貼り合わせる役目を持つほどで、細胞との相性は抜群だ。また、特殊な構造であるコラーゲンは、他のタンパク質に比べてアレルギーを引き起こしにくい。このような特長から、コラーゲンは再生医療に欠かせない材料であり、すでに軟骨や粘膜などの細胞と組み合わせた製品が発売されている。今後さらに、コラーゲンが活躍する場面は増えていくことだろう。

人類の行動範囲を広げ、人類の能力を拡大してきたコラーゲンという材料は、いままた人類の寿命を延ばす役割を演じようとしている。植物の生み出した最高の材料がセルロース（5章）なら、動物が作り出した最高の材料は、コラーゲンをおいて他にはあるまい。

第4章　文明を作った材料の王——鉄

材料の王

さて、本書のテーマである素材、材料の世界において、最も重要なものといえば何だろうか。もちろんいろいろな見方があるだろうが、筆者ならば鉄を挙げたい。紀元前一五世紀ごろに、小アジアに興ったヒッタイト人が初めてこれを用いて以来、一貫して我々の社会と生活の中心にあり続け、文明の発展に貢献してきた。

本多光太郎

鉄鋼研究の第一人者で、「鉄の神様」と呼ばれた本多光太郎（一八七〇〜一九五四年、東北帝大総長、東京理科大初代学長）は、鉄の旧字体「鐵」を分解し「鐵は金の王なる哉」と唱えた。鉄こそはまさしく、金属の王者、材料の王者にふさわしい存在だろう。

鉄は、武器として用いれば木材や石とは比較にならぬ威力を発揮するし、鍬や鎌などの農機具としては、効率のよい開墾に大きく貢献した。鉄の道具さえあれば、岩石や木材を切り出すのも容易であるから、建築の進歩は鉄なくして考えられない。もし鉄が存在していなければ、人類はいまだ原始的な農耕や狩猟を行ない、粗末な小屋に住んでいたかもしれない。「鉄は国家なり」とはドイツ帝国宰相ビスマルクの言葉だが、鉄は都市であり、産業であり、文明であると言ってしまってもいいだろう。

では、鉄はなぜ材料の王者たりえているのだろうか。硬く強いから、では正解といえない。純粋な鉄自身は、実は銀白色の軟らかい金属だ。のちに述べるように、他の元素との合金にすることで性質は改良できるが、それでもその硬さはタングステン合金などの足元にも及ばない。

また鉄は、かなり錆《さ》びやすい部類の金属だ。学生時代、化学の時間に「イオン化傾向」を丸暗記した記憶のある方は多いと思う。これは、大雑把に言えば金属の錆びやすさの順番だ。教科書では代表的な一六元素を取り上げているが、鉄はこの中で八番目に位置している。すなわち、金銀銅や鉛に比べて、鉄は錆びて劣化しやすい。この点は、材料として大きなマイナスポイントだ。

また、鉄は加工性が高いともいえない。鉄の融点は一五三五度と高いため、製鉄のためには「ふいご」などを用いて絶え間なく空気を送り込んで高温を保つ必要があり、高い技術を要した。世界の多くの地域で、鉄器文明より先に青銅器文明が発達したのは、青銅の融点が九五〇度程度と低く、成形がしやすかったためと考えられている。

　では鉄の何が優れているのだろうか。答えは、鉄が圧倒的にたくさんあることだ。地球の表面に存在する元素の割合を表す「クラーク数」で、鉄は四・七で四位につける。金属では、アルミニウムに次ぐ数字だ（10章で述べる通り、アルミニウムは酸素と強力に結びつき、金属として取り出すのが難しいため、材料としての利用は大幅に遅れた）。

　ただし、クラーク数は地殻と海水、すなわち我々人類の目の届く範囲だけを対象にしている。実際には、地球の内核及び外核に鉄が多量に含まれているため、地球全体でいくとその重量の約三割が鉄ということになる。鉄は重いため、地球が誕生したばかりのドロドロに溶けた状態のころに、ほとんどが地中深くへと沈んでしまい、わずかな量だけが地表に残ったのだ。それでも全元素中四位につけているのだから、地球に鉄がいかに豊富であるかわかるだろう。我々が住んでいるのは、鉄の惑星なのだ。

元素	クラーク数
酸素	49.5
ケイ素	25.8
アルミニウム	7.56
鉄	4.7
カルシウム	3.39
ナトリウム	2.63
カリウム	2.4
マグネシウム	1.93
水素	0.83
チタン	0.46

クラーク数

　有名なサイエンスライターであるカレン・フィッツジェラルドの『鉄の物語』（大月書店）には、民主主義が成立しえたのは、鉄が普遍的に存在するためだという説が紹介されている。青銅のもとになる鉱石は珍しいため、一部の支配階級だけが入手できるものであった。しかし鉄の鉱石はあちこちに存在するので、製錬の仕方さえわかれば多くの民衆がこれを手に入れることができる。それゆえに強力な武器は王の独占物ではなくなり、民衆に力を与えたというのだ。

歴史を変える材料には、その希少性ゆえ尊ばれ、誰もが欲しがったものと、安く大量に生産されて行き渡り、世の中を変えるものとがある。第1章で取り上げた金が前者の例なら、鉄は後者の代表選手といえるだろう。

全てがFeになる

では、なぜ鉄は他の金属に比べてたくさん存在するのだろうか。その答えは、核物理学に求められる。

元素と元素を組み合わせ、新しい物質を作ることはできる。動植物も化学者も、元素同士の結合の組み換え――いわゆる化学反応――を日夜行なって、有用な物質を作っている。しかし、大本である元素を、フラスコの中で新たに作り出したり、他の元素に変えたりすることはできない。第1章で述べた通り、錬金術師たちは数千年の苦闘を重ねても、砂粒ほどの金さえ生み出せなかったのだ。

では我々の身体や、数々の物質を構成している、炭素や酸素、そして鉄などの元素はどこから来たのか。答えは星の中だ。太陽のような恒星の内部は一〇〇〇万度以上の高温状態になっており、この強烈な熱のために原子核同士が融合して新たな元素ができる。我らが太陽では、最も小さな元素である水素同士が融合して、二番めに小さなヘリウムができている真っ最中だ。

もっと古く巨大な星では、重い元素同士が融合して、さらに重い元素が作られる。ただし、どこまでも重くなるわけではない。ある程度を超えると原子核が不安定化するので、ここで元素合成が止まるというラインが存在する。そのラインこそ、鉄に他ならない。陽子二六個、中性子三〇個が集まってできた鉄の原子核は、全ての原子核の中で最も安定なものの一つであり、これ以上小さくても大きくても不安定に向かう。これこそが、鉄が大量に存在している理由だ。

では、現在ある鉄よりも重い元素はどうやってできたのか。これは、巨大な恒星が最期の時を迎え、大爆発する「超新星爆発」の際にできたもの——という説が、長く信じられてきた。しかし近年の研究では、中性子星と呼ばれる重い星が衝突合体する際に創り出され、放出されるという説が有力になっている。地球上にある金や銀、我々の体内にある亜鉛やヨウ素などの重元素たちは、みなこうしてできた「星のかけら」たちなのだ。しかしこれら重い元素たちも、いずれは分裂して鉄に落ち着いて行く。

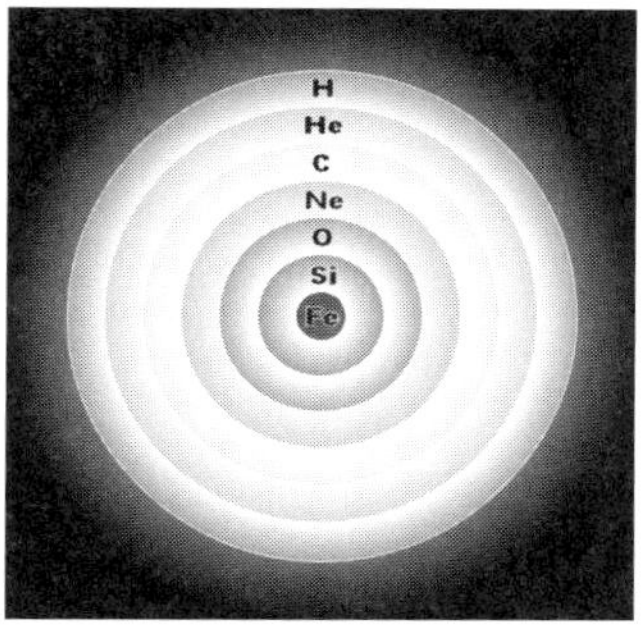

古く巨大な恒星の断面図

現在の宇宙は、誕生してから約一三八億年といわれる。

現段階では、全宇宙の元素の九三パーセント以上が水素であり、二番目に多いヘリウムと合わせれば九九・八七パーセントを占める。しかし、これから数百億、数千億年という悠久の時の流れを経ていくにつれ、徐々に鉄の割合が増えていく。ちょうど川の水が窪地に流れ込んでいくように、全ての元素はいつか鉄へたどり着くと考えられているのだ。もちろんそのはるか以前に、あらゆる生命体はこの宇宙から姿を消しているだろう。見る者もいない、鉄ばかりの冷え冷えとしたもの寂しい空間というのが、この宇宙の未来図なのだ。

鋼と森林破壊

ところで、鉄の長所は何もたくさんあることだけではない。鉄の重要な性質として、他の金属と合金にすることでさらに優れた性質を発揮すること、磁石になりうることが挙げられる。よくもこのような特別な金属が、地球上に山ほど存在していてくれたものだと思える。磁石としての性質については、後の9章で別個に取り上げよう。

鉄の合金の中で最も重要なのは、先ほども述べた鋼鉄だろう。鋼鉄は、〇・〇二〜二パーセントほどの炭素を含んだ鉄のことだ。炭素の存在により、鉄は驚くほど硬く強靱になり、叩いて伸ばせば極めてよく切れる刃物ともなる。日本語の「はがね」は、文字通り「刃金」から来た言葉だ。

冒頭で、ヒッタイト人が紀元前一五世紀ごろに初めて鉄を使ったと述べたが、これは正確な言い方ではない。それ以前から、隕鉄を材料にした剣などは世界各地で作られていた。また、鉄鉱石を強熱して精錬することで、海綿状の鉄が得られることも世界各地で知られており、さまざまな道具が作り出されていた。ただしそれらは軟らかく、刃物や建材には不向きであった。ヒッタイト人が発見したのは、海綿状の鉄を刃物の形にし、これを木炭の中で熱することで、硬く強靱な鋼鉄を得る技術であった。

といっても、単に鉄と木炭を加熱すれば硬い鋼ができるというほど簡単ではない。先にも述べた通り、鉄を熔かすには高温の炎が必要であり、酸素を絶えず送り込んで高火力を保たねばならない。また、炭素の含有量が多すぎれば、鉄はもろくなって叩くと割れてしまう。ヒッタイト人が開発したのは、これらの条件をコントロールして優れた鋼鉄を生み出す技術であったのだ。

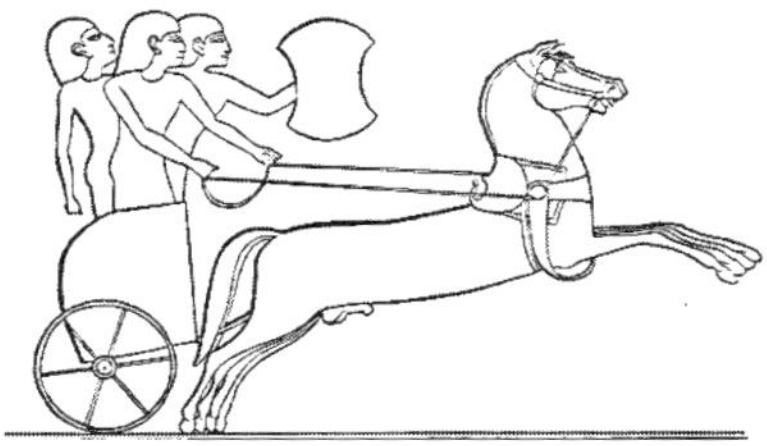
エジプトの壁画に表現されたヒッタイト軍の戦車

彼らは鋼鉄製の強力な兵器によって小アジアをほぼ制圧し、現在のシリアやエジプト方面にも攻め込むほどの強勢を誇った。製鉄技術の登場により、人類は文明史における大きな律速段階を乗り越えたのだ。

ヒッタイト人はその強さの源泉である鋼鉄の製法をひた隠しにしたが、その帝国を長続きさせることはできず、紀元前一一九〇年頃までに滅亡している。反乱や異民族の侵入も原因だが、彼らが製鉄に必要な木炭確保のため、森林を破壊し尽くしてしまったことも要因といわれる。ヒッタイト人は強力な武器を手にしたが、巨大産業が避けては通れない環境破壊という問題を経験する羽目にもなったのだ。

一説によれば、彼らは森林を求めて東進し、やがてタタール（韃靼《だったん》）人と呼ばれるようになった。彼らの製鉄技術は四〜五世紀ごろに日本にもたらされ、タタールの名をとって「たたら製鉄」という言葉ができたという説がある。こうなると何だか三題噺のようだが、二〇一五年にタタルスタン共和国科学技術庁が、島根県のたたら製鉄との関係を調査しに来日したという話もあり、あながち与太話とも言い切れないようだ。

（もっとも、ヒッタイト人が初めて鋼鉄を作り、その帝国の崩壊によって製鉄技術が世界に拡散したというよく知られたストーリーには、近年疑問も提出されている。ヒッタイト以前の遺跡からも鉄器が発掘され始めたこと、異民族侵入による戦乱の形跡が見つからないことなどが理由だ。初めて製鉄を行なったのは誰であったか、もう少し研究の進展を待つ必要がありそうだ。）

製鉄に必要な木材の確保は深刻な問題で、日本のたたら製鉄でもひとつの炉に対して一八〇〇町歩（約一八〇〇ヘクタール）という広大な森林が必要とされていた。背後に中国山地の豊かな森林を控えた出雲地方で、たたら製鉄が盛んに行なわれたのは偶然ではない。

製鉄の精華・日本刀

いずれにせよ、製鉄技術は日本で磨き上げられ、花開いた。日本刀こそは、その精髄というべきものだろう。刀は、相手の骨や鎧さえ断つ硬さと、衝撃を受けても折れたりしない強靱さ（粘り強さ）が必要になる。しかし鋼鉄は、炭素分が少ないと強靱だが軟らかくなり、炭素分が多いと硬いがもろい金属になってしまう。分厚くすれば丈夫にはなるが、重くなるので振り回すには不向きだ。

刀鍛冶たちは、この相矛盾する条件を両立させることに成功した。刀身の内側、芯となる部分には低炭素の強靱な鋼が、刃となる部分には高炭素の硬い鋼が用いられているのだ。さらに、刃を火中で焼いて水で急冷することにより、鉄の結晶構造が変化する。これによってできるマルテンサイトと呼ばれる構造は、鉄と炭素から成る最も硬い組織であり、刃の切れ味が増す。

またマルテンサイトになると体積が膨張するため、刃の側が伸びる。日本刀の反りは、こうして生まれたものだ。これによって刀の芯は圧縮され、折れにくくなる。また、焼入れした刀を再加熱し、内部のひずみや不安定な構造を安定化させる「焼戻し」を行なうことで、さらに折れにくい強靱な刀が仕上がる。

単純に鉄といっても、微量成分や鍛造方法次第でかくも多彩な性質が引き出せる。この奥深い鉄という材料の性質を巧

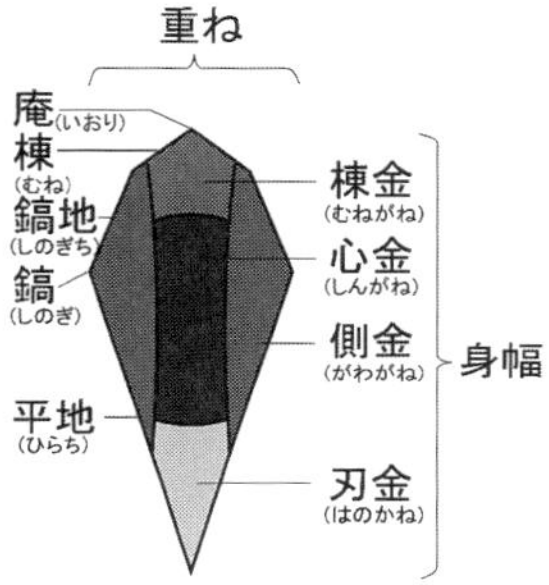

日本刀の構造

みに作り分け、優れた製品を生み出してきた人類の知恵には、改めて驚嘆する他ない。

「錆びない鉄」の誕生

英語には「フォース橋にペンキを塗る」という慣用句がある。フォース橋はイギリスのエディンバラにある全長二四六七メートルの橋で、一八九〇年に開通した。その技術史上における重要性を評価され、二〇一五年には世界遺産にも登録されている。

しかしこの橋は海風に常時さらされているため、極めて腐食を受けやすい環境にある。このため、三〇人近いスタッフが常に橋を点検・補修し、三年に一度は全体をペンキで塗り直す作業が行なわれている。このため、「Painting the Forth bridge」という言葉は、「終わりのない作業」という意味で使われるのだ（ただし二〇一一年に、二五年間保つというコーティングが橋に施され、一二〇年以上続いてきた保守作業はしばらく小休止となっている）。

この話に象徴される通り、鉄の泣き所は錆びやすいという点だ。フォース橋も、この営々とした努力がなければ、とうの昔に崩落していたことだろう。というわけで、メンテナンスなしでも錆びない鉄は、人類にとっての大きな夢であった。

「錆びない鉄」としてよく知られるのは、インドのダマスカス鋼だろう。表面に木目状の美しい模様が浮き出ているのが大きな特徴で、刃物にすれば鉄の鎧をも容易に叩き斬るほどの切れ味を誇ったとされる。有名な「デリーの鉄柱」もこのダマスカス鋼製といわれ、建造から一五〇〇年以上を経た今も朽ちることなく立ち続けている。

ダマスカス鋼の製法は父子相伝で伝えられ、厳しく秘匿された。一説には、太陽のように輝くほど強熱した鉄を、屈強な奴隷の肉体に突き刺して冷やすことで、その力を刃に乗り移らせるといった話も残っている。しかしその詳しい製法は失われ、現代には伝わっていない。

その他、鉄の耐食性を高めるため、メッキを施すなどの工夫も行なわれた。スズで鋼板をメッキしたブリキ、亜鉛でメッキしたトタン、ガラス質を焼き付けた琺瑯《ほうろう》などは、中でもよく知られたものだ。ただしこれらも、表面に傷がつくと錆は免れない。

「錆びない鉄」という、人類の三五〇〇年に及ぶ夢を実現したのが、よく知られるステンレス鋼だ。しかし、その発見は全くの偶然であった。一九一二年、イギリスのハリー・ブレアリー(一八七一~一九四八年)は、製鉄会社で火器の爆発に耐える金属を研究していた。その中で彼は、二〇パーセントのクロムを加えた鋼鉄を作ってみたが、加工性が悪い失敗作であった。ブレアリーはこの合金を放り出したまま忘れていたが、数ヶ月後に見るとこの金属塊はまったく錆びていなかった。ここから研究を重ね、加工性の悪さを克服したステンレス鋼が作り出されたのだ。これがいかに身の回りで広く使われ、我々の暮

デリーの鉄柱

らしを変えたか、改めて語るまでもないだろう。

もっとも、正確に言えばステンレスは錆びていないわけではない。実はステンレスの表面では、含有するクロムが酸化を受け、ごく薄い丈夫な膜を作っている。これが内部まで錆を進行させないように、酸素の攻撃を食い止めているのだ。

その他、強度、加工性、溶接のしやすさなど、さまざまな特長を備えた特殊鋼がいくつも開発され、我々の暮らしを支えている。多彩な合金を作りうる懐の深さは、鉄という元素の大きな魅力の一つだ。

鉄は文明なり

製鉄技術は今も絶えず進化を続けており、現代の高炉は一日一万トン以上の鉄を作り出すまでになった。二〇一五年の世界の粗鋼生産量は一六億二二八〇万トンで、これは東京二三区全域を三〇センチメートル近い厚さで覆ってしまえる量に相当する。全ての金属を合わせた生産高の、九割以上を鉄が占めているのだ。

鉄こそが力であるという事実は、今も変わっていない。鉄鋼の生産高は、国の力を表す最も優れた指標だ。産業革命後はイギリスが、戦後から一九七〇年ごろまではアメリカが圧倒的トップを走ってきたが、オイルショックを機にソ連に追い抜かれる。そのソ連が崩壊した後、一九九〇年代から日本が世界首位に立つが、九〇年代後半からは中国が爆発的な成長を遂げ、今や世界シェアの約五割を占めるまでになった。

一方で、鉄の高付加価値化も進んでいる。現代の製鉄所では、巨大な規模でありながら厳密な温度管理が施され、強さや延びやすさ、溶接のしやすさなどさまざまな要求に応える鉄が生み出されている。錬金術師たちは鉄から金を作ることはできなかったが、その後裔たる科学者たちは、鉄から金よりも有用な金属群を数多生み出すことに成功したといえよう。

こうして眺めてくると、人類は鉄を利用して文明を発展させてきたというより、鉄の持つ性質に沿って、文明が発展してきたとも見える。プラスチックや炭素繊維など優れた材料はいくつも登場しているが、鉄に直接取って代わるものは今後も生まれそうにない。ヒッタイト以来、人類は変わらず「鉄器時代」のさなかにあり、おそらく人類のある限り鉄が材料の王座を降りることはなさそうだ。

第5章　文化を伝播するメディアの王者——紙（セルロース）

紙から液晶ディスプレイまで

夏場、生い茂る庭の草刈りに、手を焼いているのは筆者だけではないだろう。一見頼りない姿をした草が、いざ引き抜こうとするとなぜあんなにも強靱なのか。手のひらにできたいくつものマメを眺めながら、生命の力強さを改めて思い知る。

地面から生えたまま、逃げることも獲物を追うこともできない植物は、生き延びるためにさまざまな仕組みを生み出してきた。強烈な風にさらされても倒れたりちぎれたりしない、強くしなやかな繊維は、彼らの拠って立つ大きな柱のひとつだ。

植物は、その姿形もライフサイクルも、生きている生活環境も驚くほどさまざまだが、強い繊維質、葉緑素による光合成システム、寒冷や乾燥に耐える種子という三つは、多くの植物が共通して持っている。これらは植物が進化の過程で編み出した「三大発明」といってもよいだろう。
植物の繊維の強靱さは、セルロースとリグニンという二つの物質に由来する。人体でいえば、前者が骨格、後者が筋肉に当たる。植物がこの惑星の表面を覆い尽くすまでに繁栄するために、このコンビネーションは大きな武器になった。たとえば樹木の重量の四〇~五〇パーセントは、セルロースが占めている。このためセルロースはこの地球上に最もたくさん存在する有機化合物であり、世界の植物たちによって年間一〇〇〇億トンが作り出されるといわれる。

この膨大に存在する有用な物質を、人類が活用してこなかったはずもない。実のところ、我々の身の回りはセルロースだらけといってもよい。前述のように、木材の主成分はセルロースだから、建材や燃料として最も古くから人類の近くにあった材料といえる。麻や木綿などの布もほぼ純粋なセルロースだから、衣類としても重要だ。いわゆる食物繊維も大半はセルロースであるし、医薬の錠剤にもセルロースが利用される。細菌にもセルロースを生産するものがあり、たとえばナタ・デ・ココは酢酸菌の作り出したゲル状セルロースだ。

セルロースに化学的に手を加えたものも、広く利用される。いわゆるアセテート繊維はその代表だし、かつてよく用いられたセルロイドもセルロースから作られる（11章参照）。酢酸セルロースと呼ばれる物質は、写真フィルムや液晶ディスプレイに広く用いられるから、ハイテク製品にもセルロースは不可欠なのだ。

しかし、最も身近なセルロース製品といえば、やはり紙ということになるだろう。本やノートなど情報を書き記すメディアとしてはもちろん、障子などの建築材料、ダンボールや包装紙などの梱包材料、紙コップや牛乳パックなどの容器類、コーヒーフィルターや紙おむつ、ティッシュペーパーなどの日用品に至るまで、我々が紙製品のお世話にならぬ日は一日たりともない。人類史上最大の発明品は何か――という問いにはさまざまな答えがあり得るだろうが、紙は間違いなくその有力候補のひとつに入ってくるだろう。

紙の発明者

紙は、古くから広く使われている材料としては珍しく、発明者の名や発明の年までがはっきりしている。発明者の名は蔡倫《さいりん》（五〇?～一二一年?）、後漢の宦官であった人物だ。蔡倫は中常侍という、宦官の中でも幹部級の職を務めた後、尚方令というポストについていた。これは、皇帝の用いる御物を作る職務で、いわば宮廷の工房を取り仕切る立場だ。蔡倫は発明工作に極めて長けた人物で、彼の作る器械類は精密さに定評があったという。この生まれもった才能と、自由に試行錯誤を行なえる立場が結びついたことが、歴史的なイノベーションを生み出したのだろう。

後漢の宦官だった蔡倫

西暦一〇五年、彼は樹皮や麻の切れ端、破れた漁網などを原料に、薄く丈夫な紙を発明した。時の皇帝である和帝に初めてこれを献上したところ、帝は大変に喜び、その才能を賞したと史書にある。

それまで記録媒体として主に用いられていたのは、木材あるいは油を抜いた竹を束ねた、木簡および竹簡であった。これらがかさばり、扱いにくいものであったことはいうまでもない。紙は、文字を書きやすい上に、薄くスペースを取らない。巻いたり束ねたりすれば、コンパクトに情報を集積できる。それまでと比較にならぬほど、利便性が向上したのだ。

もっとも、蔡倫以前の時代に、紙らしきものが全く存在しなかったわけではない。これまで発見された最古の「紙」は、甘粛省天水市で出土した麻紙で、紀元前一七九〜前一四二年ごろのものと推定されている。文字が書かれた紙としては、前漢の宣帝（在位前七四〜前四八年）時代に作られたとみられる「懸泉紙」が最も古いものだ。

また、エジプトのパピルス（カヤツリグサの茎の皮を置き並べ、圧搾してシート状にしたもの）など、中国以外でも紙に似たものはすでに発明されていた。ただしこれらは質も悪く、極めて高価なものであった。

蔡倫の功績は、身近な材料や廃棄物を元に、紙を低コストで創り出したことにある。彼の紙は薄く丈夫で、それまでの紙とは同列に語れないほど高品質であり、まさに破壊的イノベーションというべきものであった。

では蔡倫の紙の製法は、どのようなものだったのだろうか。まず、麻のぼろ布をよく洗い、灰と共に煮る。現代科学の言葉でいえば、アルカリで加熱することで不純物を分解除去し、純粋なセルロースを取り出したわけだ。これを臼で叩いた上で水に分散させ、網を張った木の枠ですくい上げる。これをよく乾燥させることで、紙ができ上がるのだ。この製法は、二〇〇〇年近くを経た現代の製紙法と、基本的に変わるところがない。これを考えれば、それ以前に類似物があったとはいえ、蔡倫こそが紙の発明者であると言い切って差し支えないだろう。

セルロースの強さの秘密

なぜ紙は、かくも薄く丈夫なのだろうか。その原料であるセルロースを、化学の目で見てみよう。セルロースは、多数のブドウ糖分子が長く一直線に連結した構造を持つ。いわばブドウ糖でできたチェーンだ。植物の葉が光合成によって作り出すブドウ糖を、そのまま原料にできるわけだから、非常に効率がよく、量産が可能だ。

ブドウ糖分子は、いくつものヒドロキシ基（水素と酸素一つずつから成るグループ）を持つ。セルロース分子全体では、何千、何万という水素と酸素を持っていることになる。この水素と酸素は互いに引きつけ合って、水素結合という結びつきを作る。これは、通常の原子同士の結合（共有結合）の一〇分の一ほどの強さでしかないが、多数集まればなかなか馬鹿にできない力を発揮する。

この水素結合によって、隣り合ったブドウ糖同士、あるいは異なる鎖のブドウ糖分子が引き

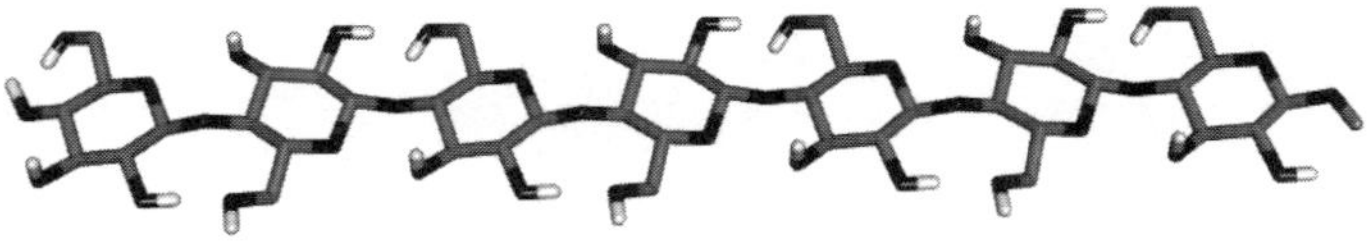

セルロースの構造

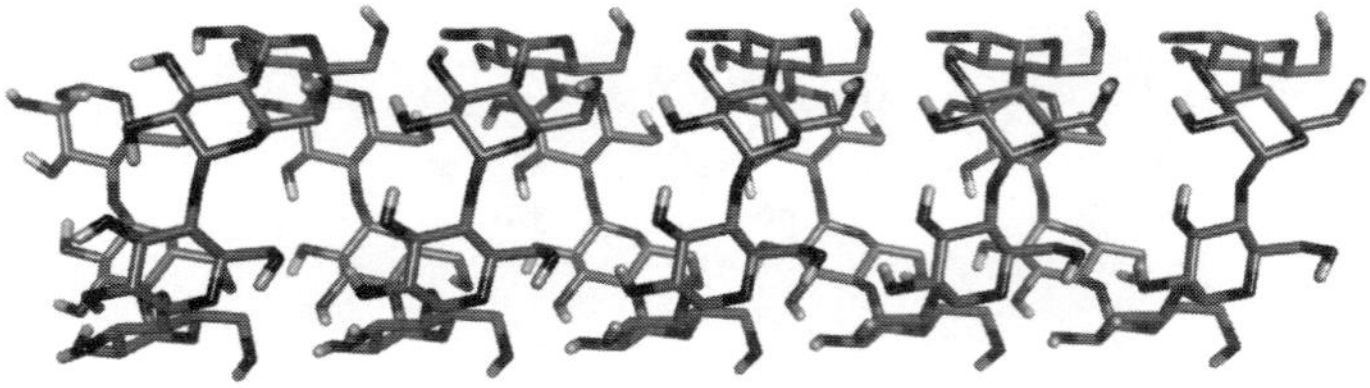

アミロースの構造

つけ合い、結びつくことによって、非常に丈夫な繊維を形成する。セルロース繊維には、他の分子や分解酵素が入り込む隙間も少ないため、長い時間の経過にも耐えて安定に存在し続ける。千数百年も前に作られた木彫りの仏像を、変わらぬ姿で拝むことができるのも、この強靱なセルロース繊維の力あればこそだ。

ブドウ糖を多数連結した化合物は、セルロースだけではない。アミロース、すなわちデンプンも、ブドウ糖が長くつながってできている。平面的な絵で描いてしまうと、両者には何の変わりもない。しかしセルロースとアミロースの性質は、天と地ほども異なる。紙や木綿を食べることはできないし、ホカホカのご飯を着るわけにも、そこに字を書くわけにもいかない。

セルロースとアミロースの相違点はただひとつ、ブドウ糖分子のつながりかたにある。セルロースはブドウ糖がまっすぐ直線状につながっているのに対し、アミロースではらせん状に連結しているのだ。

セルロースは直線的なので束になりやすく、隙間の少ない繊維になる。一方、アミロースのらせんも乾燥状態では丈夫であるものの、水分子が入り込んだ状態ではらせんが緩み、他の分子の侵入を受けつけやすくなる。前者が生米であり、後者が炊いた米だ。

この緩んだ状態のアミロースは、体内の酵素のはたらきによってブドウ糖単位まで容易に分解されてしまう。すなわちアミロースは、保存の利く栄養源としてぴったりの性質をもつ。多くの種子やイモ類は、このアミロースの形でエネルギーを保存する。

植物は、最も生産しやすいブドウ糖をもとに、丈夫でしなやかな最高の建築材料と、次世代が育つための優れたエネルギー源の両方を作り出しているわけだ。自然のたくみの見事さに、舌を巻かずにはいられない。

洛陽の紙価

紙の長所は、情報を記録し、伝え、残すことに向いている点だ。秦の始皇帝は「焚書」を行ない、征服した各国の歴史書や儒教の経典など、自らにとって都合の悪い書物を全て焼き払おうとした。紙の発明以前のことだったから、これら書物は木簡などに記されたものであり、焼くことで情報を消し去るのは簡単なことだった。

紙とても火に弱いことは変わりないが、より多量に安く生産できる媒体であるため、情報をコピーし、分散保存することも容易になる。これによって一冊や二冊を焼いても、情報を消し

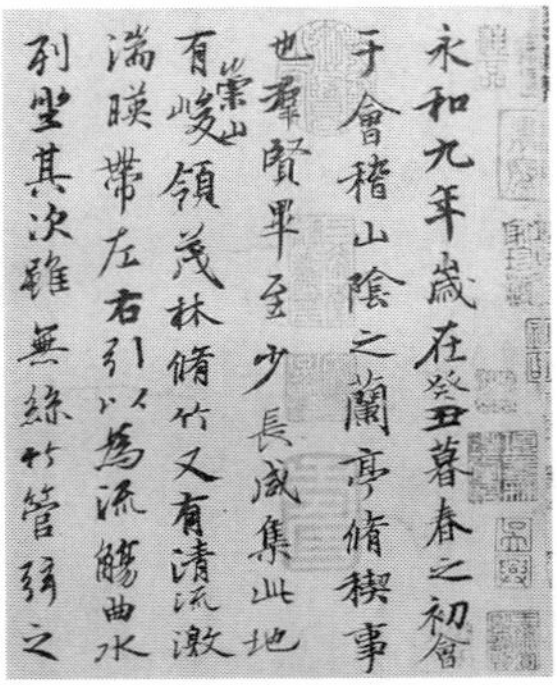

王羲之の行書「蘭亭序」

去ることができなくなったのだ。コストダウンによって大量生産が可能になった媒体は、情報のあり方そのものを変えてしまったといえる。

紙の登場は、文化の面にも大きな影響を与えている。もともと漢字は、牛馬の骨や亀の甲羅に刻まれる文字（甲骨文字）として生まれたが、木簡と筆の普及によって字体も変化し、篆書や隷書が誕生した。紙が創り出された後漢時代には、現代の我々にもなじみ深い楷書や行書が生まれ、多くの能筆家が登場するようになる。そして紙質の改善が進んだ東晋時代には、書聖と呼ばれた王羲之《おうぎし》（三〇三～三六一年）が活躍し、書道は芸術の域へと高まっていった。

また、保存や持ち運びがしやすい紙という媒体は、文化の伝播を容易にする。西晋（二六五～三一六年）時代の文人であった左思（二五二?～三〇七年?）は、「三都賦」と題する詩文を一〇年がかりで完成させた。これは評判を呼び、人々が争って筆写したため、洛陽は紙不足となって価格が高騰したという。いわばベストセラーが誕生したわけで、ここから「洛陽の紙価を高からしむ」という故事が生まれている。

「科挙」もまた、紙の普及なくしては成立しなかった制度だ。科挙とは一般から才能のある者を選抜し、国家のために働く官僚とするための試験を指す。家柄にとらわれず、在野の賢人を拾い上げられる点で画期的な仕組みであったが、それだけに競争は激しく、倍率は三〇〇〇倍に及んだこともあった。

試験は「論語」「孟子」など、いわゆる四書五経から出題されるから、受験者は合計約四三万文字にも及ぶこれら古典と、その注釈を暗誦しなければならない。不正行為も少なからず行なわれたようで、数十万文字をびっしりと書き込んだカンニング用の下着が現存している。勉強のためにも、試験のためにも、膨大な紙が必要であったはずだ。

科挙という制度は、隋の文帝が六世紀末に開始して以来、二〇世紀初頭に至るまで続いた。多くの有名な政治家たちが、科挙をくぐり抜けて宮廷で地位をつかみ取り、歴史を動かしてきた。紙と筆という優れた筆記用具の存在なくして、これほど大規模な人材登用システムは存在し得なかったことだろう。

日本伝来

製紙技術は、やがて世界へと広がり始める。日本では、推古天皇の御代である西暦六一〇年に、高句麗からの渡来僧である曇徴《どんちょう》が、紙を作ったというのが最も古い記録だ。もっとも、戸籍の整備など、紙を必要とする事業がすでに始まっていたことなどから、これ以前から日本に紙が伝わっていた可能性は高い。

幸いにして、日本にはミツマタやコウゾなど、優れた紙の材料になりうる植物が存在していた。また紙漉きの際に、トロロアオイの根から得られる粘液《ネリ》を混ぜることで、薄く丈夫な紙が作れることが見出された。後述するヨーロッパのケースと比べたとき、これらの植物の存在が日本文化に与えた影響の大きさが知れるだろう。

和紙の強さの秘密は、ひとつにはコウゾなどから得られる長い繊維にある。また、「つなぎ」となる粘液は多糖類が主成分で、セルロースと同様に糖類がいくつもつながったものだ。これらが水素結合によって互いに密接に結びつくことで、和紙特有の強靱さ、しなやかさが生み出されているのだ。

こうした風土と、工夫の積み重ねにより、和紙という独特の文化が成長していった。我が国で、『源氏物語』を始めとする文学が早くから花開いたのは、紙という優れた材料が豊富に手に入ったことも大きな要因だろう。

紙は単なる記録媒体ではない。障子や襖など、紙を多用した建築は、日本家屋の大きな特色といえる。また、紙を折り曲げて花や動物などさまざまな形を作り出す「折り紙」も、日本を特徴づける紙の文化のひとつだ。他国でも折り紙は行なわれていたが、薄く丈夫な和紙は複雑な造形にも向いていたため、折り紙は日本で大きく発展した。現在では、「origami」という言葉は世界の共通語として通用する。

明治以降、機械漉きの洋紙の普及によって和紙の生産は激減していったが、その美しさと丈夫さから、今も工芸品として高い人気を誇る。日本の紙幣にもミツマタが用いられているなど、和紙の伝統は身近で息づいている。

西へ渡った紙

西暦七五一年、西方へ勢力を伸ばした唐軍と、勃興しつつあったアッバース朝のイスラム帝国が、現在のカザフスタン付近で激突した。世にいう「タラス河畔の戦い」だ。この一戦で唐軍は大きな被害を出し、イスラム側の史料によれば二万人が捕虜になったとされる。

この戦いは、後世へ極めて大きな影響を与えた。その原因は戦争の結果自体ではなく、唐軍の捕虜の中にいた職人たちにある。彼らは、紙漉きの技術を持っていたのだ。

紙に初めて触れたアッバース朝の人々は、すぐにその重要性と利便性に気づいたのだろう。紙の材料になりうる植物探しが始まり、製紙法が工夫された。七九四年には首都バグダッドに製紙所が建設され、行政文書や公文書に紙が用いられるようになった。

しばらくして紙はヨーロッパにも伝播する。言い伝えによれば、第二回十字軍に従軍したフランスの兵士ジャン・モンゴルフィエが、捕虜となってダマスカス（現シリア）の製紙所で労

『千夜一夜物語』も写本で広まった

働させられた後、帰郷して一一五七年に製紙業を興したという。熱気球で史上初の有人飛行を果たしたジョゼフ＝ミシェル（一七四〇～一八一〇年）とジャック＝エティエンヌ（一七四五～一七九九年）のモンゴルフィエ兄弟はその子孫で、家業で作られた紙が気球の内張りに用いられた。モンゴルフィエ家の製紙会社は、ピカソやシャガールなどにも製品を提供したアート用紙メーカーとして、名を変えつつも現代まで続いている。

しかし製紙技術の伝播年を見てみると、スペインに一〇五六年、イタリアに一二三五年、ドイツに一三九一年、イギリスに一四九四年、オランダに一五八六年、そして北米には一六九〇年（これらの年代には異説もあり）と、意外にもその拡大速度はかなり遅い。ヨーロッパでは、製紙に適した植物がなかなか手に入らなかったことが大きな理由だ。紙の原料となったのはリネン（亜麻布）のぼろ布であり、紙の需要が高まるに連れてその価値も上がっていった。イギリスでは一六六六年に、死者をリネンなどに包んで葬ることを禁じる法律ができたほどであった。ヨーロッパにおける紙の大量生産は、ドイツのフリードリヒ・G・ケラー（一八一六～一八九五年）が木材からのパルプ製造法を開発する、一九世紀半ば頃を待たねばならなかった。

東洋では、書道や水墨画など、紙を画材とする芸術が発展した。これに対し、西洋では長らく彫刻などが芸術分野において重要な地位を占め、絵画もフレスコ画（第6章参照）や油絵といったジャンルが主流となってきた。ヨーロッパに潤沢な紙があったなら、美術史の流れはどう変わっていたか、想像してみるのも興味深い。

印刷術の登場

一五世紀半ば、紙が手に入らないヨーロッパにおいて、紙の需要を爆発的に高める出来事が起きた。印刷術の発明がそれだ。筆写とは比べ物にならない速度で、同じ情報を大量にコピーする印刷という技術が、いかに画期的なものであったかはいくら強調しても足りないほどだ。

意外なことに、世界最古の印刷物は日本にある。称徳天皇が七七〇年に、国家の安全を願って、陀羅尼（仏教における呪文の一種）を版に彫り、紙を乗せるか捺印するかの形で、一〇〇万枚を製造したものだ。また、活字を組み合わせて刷る、いわゆる活版印刷は、一一世紀の宋で行なわれた記録がある。

ヨハネス・グーテンベルク

しかしこれらを差し置いて歴史に名を刻むのは、ヨハネス・グーテンベルク（一三九八頃〜一四六八年）が開発した印刷機だ。彼はブドウ圧搾機を改造した印刷機で、一四五〇年ごろから印刷業を開始したとされる。インクや活字の量産法から、事業化までを一手に推し進めたことが、「印刷術の開祖」とされる大きな理由だろう。これによって、書物の値段は一挙に一〇分の一に下がったうえ、筆写につきものである写し間違えも駆逐されたから、正確な情報の普及への貢献は計り知れない。

ただし、グーテンベルク自身はこの印刷機の開発のために借金をし過ぎ、せっかく完成した印刷機は借金の抵当として貸主に取り上げられてしまったという。笑うに笑えぬ歴史の挿話である。

彼の印刷技術で作られたものの一つに、かの悪名高い「贖宥状《しょくゆう》」（免罪符）の印刷がある。教会にカネを払う代わりに罪の赦しを与えるというこのやり方に、教会の堕落を感じ取った人は多かった。その一人が、ドイツの神学者マルティン・ルター（一四八三〜一五四六年）であった。

一五一七年、彼が贖宥状の是非について論じた「九五か条の論題」は、活版印刷によって配布され、その内容はわずか二週間でドイツ全土に、一ヶ月でキリスト教圏全てに知れ渡ったという。それまでとは情報伝達の速度が、圧倒的に変わったのだ。この怒りのうねりは、やがて宗教改革としてヨーロッパ全土を巻き込み、カトリックとプロテスタントの分離へとつながっていく。大量生産された薄い紙片は、文字通り歴史を変えたのだ。

紙と印刷による知識の普及は、ヨーロッパにおける科学技術の普及をも大きく後押しした。一方でイスラム圏では、印刷技術は普及しなかった――どころか、軽蔑され、迫害さえ受けた。オスマン帝国のバヤズィト二世（一四四七〜一五一二年）とセリム一世（一四六五〜一五二〇年）は、アラビア語とトルコ語の一切を印刷することを禁止する法律を布告し、これはその後三〇

○年間にわたって帝国内で通用した。
イスラム圏では、書くという行為は神から人類への贈り物であり、コーランを書写することは何より尊い行ないと見なされた。また文字の書写は、東洋の書道と同様に芸術の一分野でもあった。これを機械に任せることは、彼らにとって堕落であり、神の教えへの冒瀆であったのだ。

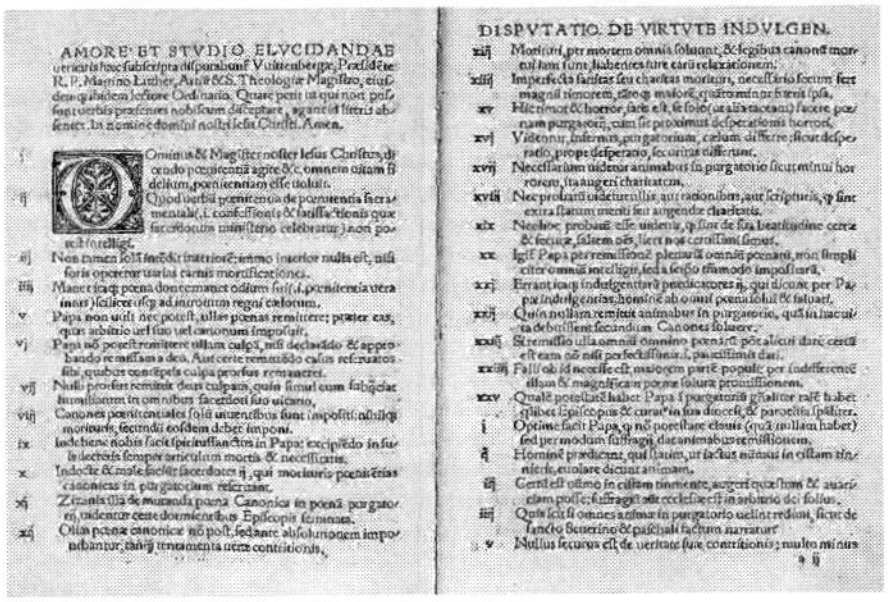

印刷されたルターの「95か条の論題」

八世紀から一三世紀にかけて、イスラム圏の科学技術は世界の最高水準にあったが、ルネサンス以降ヨーロッパに逆転を許し、大きく水を開けられた。これは、印刷技術の導入に抵抗したため、知識の普及が阻害されたことが大きな要因と指摘されている（ニコラス・A・バスベインズ『紙　二千年の歴史』原書房）。印刷物が現代の世の中で果たしている役割の大きさを考える時、この主張は十分な説得力があると思える。

メディアの王者

その後も、紙を用いた情報や知識の伝達は、世界の歴史と文化を大きく変えていった。現代の我々は、もはやその恩恵について考えることさえないほど、紙は生活の中に溶け込んでしまっている。我々の文明は、このセルロースでできた頼りない薄片に、その基礎を置いてきたのだ。

二〇世紀後半になり、ようやくメディアの王者たるセルロースの地位を脅かす材料が登場してきた。第9章でも触れる磁石、つまり各種の磁気記録媒体がそれだ。今や、一軒の書店に並んでいる本の内容が、手のひらに乗るハードディスク一台に収まり、必要な情報へ瞬時にアクセスできるようになっている。

磁気記録媒体の登場当時は、これによって紙はお役御免となり、ペーパーレス社会がやってくると盛んに喧伝された。しかしそれから数十年を経た今、世界の紙の生産量は年間四億トンを超え、なお伸び続けている。扱える情報量が飛躍的に増えた分、それを閲覧するための紙の需要も増大しているのだ。

そして驚いたことに、二〇〇〇年にわたって人類の傍らにあった紙=セルロースは、なお巨大な伸びしろを抱え持っている。ナノセルロースと呼ばれる材料は、その最たるものだろう。植物から得られるセルロースの繊維を、数十ナノメートル程度の大きさまでほぐしたものだ。これを固めたものは、透明な材料になる。紙はセルロース繊維の間に空気を含むため、光を乱反射して白く見えるが、セルロースナノファイバーでは空気の入り込む隙間がないため、光を通してしまうのだ。

このナノセルロースとプラスチックを複合させることで、鋼鉄の五分の一の軽さで、強度が五倍という材料が創り出されている。混合するプラスチックの成分を変えることにより、「電気を通す紙」を作り出すことも可能だ。今のところ製造コストが高いのが難点だが、これが解決されれば軽量かつ安価、応用範囲も広い材料となるだろう。現在広く用いられる炭素繊維に代わり、航空機や自動車に利用されることになれば、燃料が大いに節約され、CO_2排出も削減される。ナノテク時代の「紙」は、強く優しいスーパー材料なのだ。

二〇〇〇年の伝統を持つ紙は、新しいテクノロジーの登場によってその王座を譲るどころか、なおその活躍の場を広げ続けている。手に入りやすく応用範囲の広い、セルロースという材料の活用こそは、今後の社会発展の鍵となることだろう。

第6章　多彩な顔を持つ千両役者——炭酸カルシウム

変幻自在の千両役者

先に、鉄こそが材料の王者であると述べた。これに対し、材料の世界の千両役者と呼びたい存在が、本章の主役である炭酸カルシウムだ。役者たるもの、ヒーローから悪役までいろいろな役が演じられなければ務まらない。炭酸カルシウムはこの点文句なしで、驚くほどに多彩な顔を見せる。

炭酸カルシウムは、いわゆる石灰岩の形で大量に産出する。資源の乏しい我が国も、石灰岩だけは豊富だ。観光地として有名な秋吉台や四国カルストは、石灰岩が点々と地表に露出した場所だし、地下深くの石灰岩が地下水で溶けてできた鍾乳洞も、日本各地に点在している。

最も身近な炭酸カルシウムの塊はチョークで、今も昔も教室に欠かせない。粉にすると研磨力があるので歯磨き粉や消しゴムにも入っているし、陶器の材料ともなる。紙に炭酸カルシウムを漉き込むと白く透けにくくなるので、製紙業にも大変重要だ。

さらに炭酸カルシウムは、食品添加物にもなる。ラーメン作りに使われる「かんすい」、パンの発酵を早めるイーストフード、その他ハム・ソーセージ・菓子類などの栄養強化剤、医薬品の錠剤の基剤などなど、その活躍の場は多岐にわたる。

見た目は全く異なるが、大理石も主成分は炭酸カルシウムだ。石灰岩がマグマの熱で熔けて再結晶したもので、彫刻や建材に欠かせない。また、石灰の粉を水と顔料で着色し、乾ききっていない漆喰の上に絵を描く技法はフレスコ画と呼ばれる。システィーナ礼拝堂にある、ミケランジェロ（一四七五～一五六四年）の「最後の審判」が代表的な例だ。

ラスコー洞窟の壁画

また、人類最古の芸術作品として知られるラスコー洞窟の壁画も、石灰岩の上に描かれた一種のフレスコ画だ。長年にわたって変質・摩耗しない石灰岩だからこそ、壁画は一万五〇〇〇年の歳月を生き延びて我々の目に触れることができた。芸術の世界においても、炭酸カルシウムが我々にもたらした恩恵は極めて大きいのだ。

運命を分けた双子の惑星

かくも炭酸カルシウムが大量に存在しているのはなぜだろうか。実は炭酸カルシウムの原料は、空気中の二酸化炭素だ。これは水に溶けやすいので、海洋に吸収されて炭酸となり、さらに海水中に豊富なカルシウムイオンと出会うと、不溶性の炭酸カルシウムとなって沈殿するのだ。

こうして大量の二酸化炭素が石灰岩として「固定」されたことは、地球の命運にとって決定的に重要なことであった。よく知られている通り、二酸化炭素は温室効果ガスのひとつであり、太陽熱を大気内に閉じ込めて地球の温度を上げる。誕生直後の地球では、六〇気圧にも達する濃い二酸化炭素が地表を覆っており、そのままでは海水が干上がりかねないほどの高温に達していた。しかし、海底火山などから噴出したカルシウムと、海に溶けた二酸化炭素が結びつき、海底にたまっていく反応が起きた。これによって大気中の二酸化炭素は減少し、気温も低下していったのだ。

金星は地球の双子惑星ともいわれ、直径や質量は両者ともほぼ同じだ。また、かつては金星にも海があったことがわかっている。しかし、金星は地球よりやや太陽に近かったばかりにより多くの熱を受け、二酸化炭素を吸収する前に海が完全に蒸発してしまった。結果として金星の大気には九〇気圧もの二酸化炭素が残り、その強烈な温室効果によって気温は四〇〇度以上にも達している。

一歩間違えば、地球もまたこのような灼熱の惑星になっていたかもしれない。今我々が快適な温度で暮らしていられるのは――いや、生命を保っていられるのは、膨大な量の二酸化炭素を封じ込めてくれた、炭酸カルシウムのおかげなのだ。

宮沢賢治と石灰

石灰が重要な材料である理由のひとつは、木灰と並んで最も手に入りやすいアルカリ性物質である点だ。さらに、石灰石や貝殻を粉砕して焼くと二酸化炭素が飛び、いわゆる生《せい》石灰（酸化カルシウム）となる。これはさらに強いアルカリ性を示し、殺菌作用を持つ。

意外なところでは、生石灰は照明にも使われた。水素と酸素の混合ガスによる高温の炎を石灰石に吹き付けると、強烈な白い光を放つ。これは石灰（英語でライム）の光という意味で「ライムライト」と呼ばれ、劇場の舞台照明などとして広く用いられた。二〇世紀には白熱電球にその地位を譲り渡したが、今も英語圏でライムライトという言葉は「注目の的」の意味で使われ続けている。

イギリスの宇宙生物学者ルイス・ダートネル（一九八〇年～）は、その著書『この世界が消えたあとの科学文明のつくりかた』（河出書房新社）で、世界が何らかの形で大破局を迎えた後、人類が科学文明を再興するための方法をシミュレートした。この中で彼は、文明復興のために真っ先に採掘すべき材料は、炭酸カルシウムであると指摘している。

理由のひとつは、炭酸カルシウムが食料生産に欠かせない物質であるからだ。作物の成長は、土壌の酸性度に大きく影響される。酸性度が高いと、植物にとって重要な栄養素であるリン酸が吸収されにくくなり、生育が妨げられる。特に酸性土壌の多い日本では、これは大きな問題だが、石灰をまくことでこれを中和することができる。また、作物を病虫害から守る効能もあるから、農家や園芸家にとっては欠かせない。

この石灰の効能に着目し、その使用を日本に広めようと奔走したのが、かの宮沢賢治（一八九六～一九三三年）だ。花巻農学校の教諭であった彼は、石灰を産する東北砕石工場の技師となり、製品戦略や広告文を立案するなど、石灰の使用普及に力を尽くした。残された資料からは、科学者として、また実業家として、農業の発展に情熱を燃やした賢治の姿が垣間見えて興味深い。

宮沢賢治

帝国を造った材料

しかし何より大きな炭酸カルシウムの用途は、セメントの原料だ。石灰岩七～八割に対し、粘土、珪石、酸化鉄などを二～三割程度の割合で混合し、ミルで粉砕する。これを一四五〇度程度の高温で焼くと、炭酸カルシウム（$CaCO_3$）から二酸化炭素（CO_2）が抜けて、酸化カルシウム（生石灰、CaO）となる。できた塊《クリンカ》を再び粉砕して得られるのが、いわゆるセメントだ。これを水で練って放置しておくと、カルシウムとケイ酸イオンなどが結びついてネットワークを作り、硬化する。ここにあらかじめ砂や砂利を混ぜておき、強度を増したものがコンクリートだ。

セメントは自由に成形できる上、固まれば石のように硬くなるのだから、建材としてこれほど有り難いものはない。この画期的な材料が使われ始めたのは、約九〇〇〇年も前の石器時代に遡るというから、昔から発明家はいたのだなと思わされる。エジプトではピラミッドの建築に使われたし、中国でも約五〇〇〇年前から使われている。しかしセメントを最も有効に利用してみせたのは、古代ローマの人々であった。

伝説によれば紀元前七五三年にイタリア半島中部に建国された古代ローマは、さまざまな変転を重ねつつ地中海世界を制覇し、驚くべき文化の花を咲かせた。体格にも地理的条件にも決して恵まれていなかった彼らが、数々の戦いを勝ち抜き、一〇〇〇年以上もその国家を維持して見せたのは、まさしく世界史の奇跡という他はない。これを支えたのが、道路や水道、各種建造物といった、ローマのインフラ整備の力であった。

「すべての道はローマに通ず」の諺通り、ローマの道路整備は徹底していた。ローマ街道の総延長は約一五万キロメートルと、ほぼ地球四周分にも及んでいる。そのかなりの部分が二〇〇〇年後の現在まで残っており、現役の自動車道路として使われているところさえあるというから、その堅牢さには驚く他ない。

標準的なローマ街道は馬車がすれ違える幅四メートルが確保され、その両脇に幅三メートルの歩道があった。車道は最大深さ二メートルまで掘り下げられ、そこに三層構造の石造りの路盤が造り上げられた。表面には大きな分厚い石を敷き詰め、セメントでこれを固めた。山にはトンネル、川には橋が架けられ、いずれも大型投石機などの軍事機械が通過できる規格であった。

ローマのコロッセオ

この整備された道のおかげで、ローマ時代の旅人は徒歩でも一日二五～三〇キロメートルを、馬車なら三五～四〇キロメートルを旅することができた。領土全体に張り巡らされたこの街道のおかげで、どこで戦乱が起きてもローマ軍は素早く駆けつけることができた。あの巨大な領土をわずか三〇万の兵士で守ることができたのは、この素晴らしい道路のおかげであり、堅固なセメントの威力によるものであった。
もちろん、コロッセオや大浴場をはじめとする建造物群、各地から首都へ清潔な水を運んだ水道など、ローマのインフラにはみなセメントが活用されていた。この材料なくして、ローマ帝国の栄華はなかったのだ。

セメントやコンクリートによって支えられているのは現代の文明も同じことだ。ただしコンクリートは圧縮には極めて強いが、引っぱりには弱く、ひびが入りやすいという弱点がある。これは、鉄とは全く逆の特性だ。

そこで、鉄で作った骨格をコンクリートで覆った「鉄筋コンクリート」が、一九世紀半ばのフランスで開発された。鉄とコンクリートは互いの弱点を補い合う上、アルカリ性のコンクリートで覆われた鉄は錆びることなく長持ちする。高層ビルや長大橋など、我々が「都市」と言われて思い浮かべるものは要するに鉄筋コンクリートの塊だから、この材料の恩恵は計り知れない。

海の生物たち

先ほど、二酸化炭素と海水中のカルシウムから、炭酸カルシウムができると書いた。多くの海洋生物もまた、この化学反応を利用している。貝やサンゴ、一部のプランクトンなどは、この反応で作った炭酸カルシウムで殻を作り、身を守っているのだ。身の回りに豊富に原料があり、硬く丈夫な炭酸カルシウムは、多くの海洋生物にとってまさに天の恵みであった。

彼らの作った殻は、彼らの死後も残り、海底に降り積もった。実際、チョークの粉を高解像度の電子顕微鏡で見てみると、そこには驚くべき世界が広がっている。単なる粉末にしか見えないチョークの粉には、円盤を貼り合わせた球体や、三角や星型の構造体など、複雑で不思議な形状の粒がたくさん含まれているのだ。これらはみな、白亜紀（約一億四五〇〇万年前〜六六〇〇万年前）に増殖したプランクトンたちの作った、炭酸カルシウムの殻なのだ。これらの一部は地上に押し上げられ、地層となった。白亜紀の「白亜」（正しくは「白堊」）は、もともと石灰岩を指す言葉だ。現在我々が炭酸カルシウムを安く大量に利用できるのは、一億年も前に生きた彼らのおかげということになる。

炭酸カルシウムは安く大量に使えるばかりではない。誰もが欲しがる、高貴な形態のものも存在する。ある種の貝で、貝殻成分を分泌する外套膜という部分が偶然に内部に入り込み、球状の炭酸カルシウムができてしまったもの――すなわち真珠がそれだ。

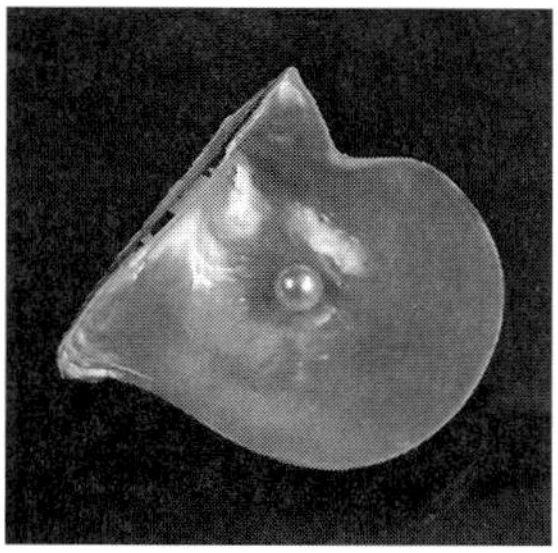
アコヤ貝と真珠

完璧な球体となり、光を撥ね返して美しく輝く真珠は、古来最高の宝とされてきた。直径五ミリになる真円の真珠は、アコヤ貝一万個からようやく一個見つかるかどうかだという。そして海中深くに棲み、岩にがっちりと固着したアコヤ貝は、生命の危険を冒さねば採取できない。また、アコヤ貝が棲める海域は、全世界でわずか五ヶ所しかなかった。ペルシャ湾、インド、ベトナムのトンキン湾、ベネズエラ、そして日本だ。美しさと希少性を兼ね備えた真珠は、まさしく人類の宝であった。

クレオパトラの真珠

真珠は古代から最高の宝石として珍重され、高値で取引されてきた。中でも有名なのは、エジプト最後の女王クレオパトラと、ローマの将軍アントニウスのエピソードだろう。アントニウスの振る舞った贅沢な食事に対し、クレオパトラは「こんなものは真の贅沢ではない」と言い放つ。ならば本物の贅沢を見せてみろと迫ったアントニウスの前で、クレオパトラは耳飾りの巨大な真珠を外し、酢の中に放り込んで溶かしてしまう。この真珠は一〇〇〇万セステルティウス、今の金額でいえば数十億円にも相当する非常な貴重品であった。唖然とするローマ人たちの前で、クレオパトラは一息にそれを飲み干してみせた。アントニウスはこれを見て大いに驚き、彼女の機知に惚れ込んでしまった——と伝えられる。

この話に化学屋の野暮な突っ込みを入れるなら、酢ていどの酸性では真珠が溶けてしまうことはなく、せいぜい表面の光沢が失われるくらいだろう。あるいはクレオパトラは、溶かしたふりをして真珠ごと飲み込んでしまったのだろうか。ともかく、これほどの価値ある真珠を飲み干してみせる度胸と、その演出は天下一品というしかなく、歴戦の将軍アントニウスを魅了するだけのことはある。「クレオパトラの鼻がもう少し低かったならば、世界の歴史は全く違ったものになっていただろう」とは先にも引いた言葉だが、真に歴史を変えたのは一粒の真珠と、彼女の機転であったのかもしれない。

コロンブスの真珠

時代は下ってルネサンス期に入っても、真珠は相変わらずの高級品であった。この真珠を手に入れようと野心を燃やした一人が、かのクリストファー・コロンブス（一四五一?〜一五〇六年）であった。航海のスポンサーを必要とした彼は、スペイン国王に「航海で得た真珠・宝石・金銀・香辛料などの九割を献上する」という条件を持ち込んで援助を取り付け、大西洋へと旅立った。

当初は思ったほどの金銀が得られなかったコロンブスだが、三回目の航海ではベネズエラにたどり着き、真珠で身を飾っている原住民たちの姿を目の当たりにする。喜び勇んだコロンブスたちは、この地で約五五リットルもの真珠を集めることに成功した。文字通りの宝の山に、彼らは行き当たったのだ。しかしコロンブスはつい私欲にかられたのか、九割を王に引き渡すという約束を破り、一六〇粒程度だけを献上した。後にこのことが発覚したのが、コロンブスの立場を悪くする要因になったといわれる。

クリストファー・コロンブス

しかしこれは、原住民にとっては悲惨な歴史の始まりとなった。スペイン人たちは海に潜る技術を持たないので、原住民たちを脅し、暴力で威嚇して真珠を集めさせた。また原住民たちはスペインへと連行されて奴隷として売られたが、その価格はおよそ真珠二粒分であったという。いかに人命が軽視されたか、またいかに真珠が貴重であったかわかるというものだ。

南米から入ってくる真珠で、王族や富裕な人々は争って身を飾った。一六世紀以降の王族の肖像画にはやたらに真珠だらけのものが多く、中でも英国のエリザベス一世の真珠好きは有名だ。この時代の王室に多く見られるマーガレット、マルゲリータ、マルグレーテ、マルグリットなどの女性名は、いずれも「真珠」を意味する（ついでにいえば食品のマーガリンもこれと同じ語源で、真珠のような光沢があることから来ている）。貴族たちは自分の身を華やかに飾る真珠のために、どれほどの人々が悲惨な運命を辿ったか、知っていたのだろうか。

バブルと価格破壊

その後、時代は変わっても真珠の人気は変わらずに続く。中でもフランスのローゼンタール家は世界各地に支店を置いて真珠の流通を支配し、「真珠の帝王」と呼ばれるまでになっていた。彼らによって真珠の価格は吊り上げられ、二〇世紀に入る頃にはその価格はダイヤモンドを超えるところまで高騰した。

この支配を切り崩したのは、日本の新技術であった。三重県の英虞《あご》湾で行われた、養殖真珠の開発がそれだ。その開発者として御木本《みきもと》幸吉（一八五八～一九五四年）の名が有名だが、彼は半円形の養殖真珠を作ったのみであり、真球の真珠を作り出すことに成功したのは見瀬《みせ》辰平

（一八八〇～一九二四年）という人物であったらしい。御木本は技術者というより、養殖真珠の商業化に成功した事業家という側面が強い。

一九二〇年代に輸出開始された養殖真珠は、ヨーロッパを驚愕させた。利益を独占してきた真珠商たちにとって、これはあってはならないものであった。彼らは養殖真珠を偽物と決めつけて猛烈な排斥運動を行なったが、見た目も成分も全く同じ、割ってみなければ判別は不可能というのだから、人気がこちらにシフトしていくのは当然であった。やがてローゼンタールも養殖真珠の前に膝を屈し、これを店頭で取り扱うようになる。

（余談ながら、最近、中国製の人工ダイヤモンドの品質が向上し、見分けが困難になったため、デビアス社が専門の鑑定士を養成するスクールを開設したというニュースがあった。人工ダイヤモンドもまた、成分も構造も天然ものと全く同一であり、「偽物」ではない。やはり歴史は繰り返すものらしい。）

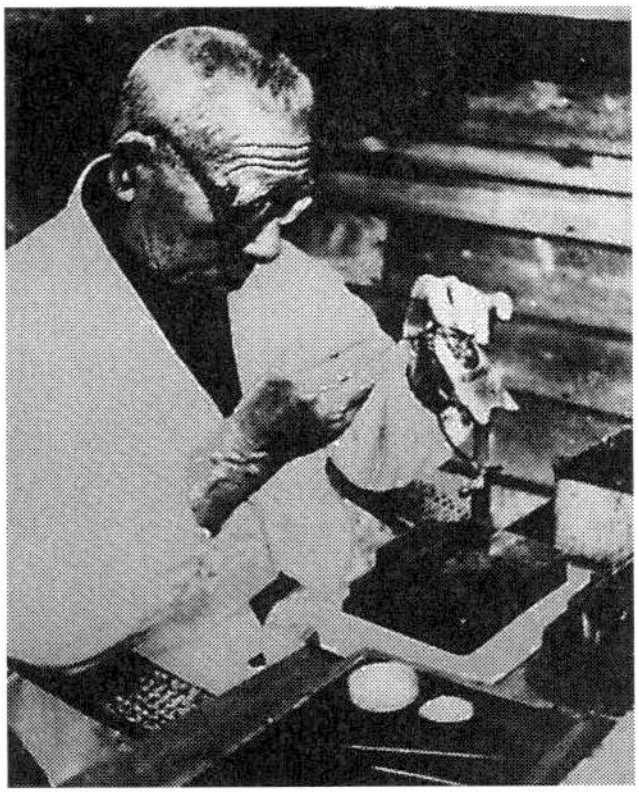
御木本幸吉

戦後、養殖真珠は海外に輸出され、大いに外貨を稼いだ。その売上は一九五四年に二七億円、一九六〇年には一一〇億円にも達し、苦しかった日本経済を押し上げる役目を演じた。「匁《もんめ》」という単位は今や日本でも使われないが、真珠の重さに関してだけはこの単位が今も国際標準として使われている。養殖真珠は、経済大国として花開く日本の礎を築いたのだ。これら真珠の歴史は、山田篤美著『真珠の世界史』(中公新書)に詳しい。

「海の熱帯雨林」の危機

文字通り縁の下の力持ちとして我々の文明を支えるセメントから、世界が争奪戦を演じた高貴な真珠まで、これほど多彩な顔を見せた材料は珍しい。材料の世界の千両役者という意味合いも、お分かりいただけたのではないかと思う。

一方で、炭酸カルシウムは現在の地球環境が迎えている危機にも、密接に関連している。サンゴ礁は、小さな動物(!)であるサンゴが炭酸カルシウムを作ることで群体を成したものだ。ほんの数ミリのサンゴが寄り集まることで、宇宙空間からさえ見えるグレートバリアリーフのような巨大なサンゴ礁を作り上げるのだから、自然の力の驚異を思い知らされる。

サンゴ礁は「海の熱帯雨林」とも呼ばれ、多くの生物がそこに暮らす。サンゴ礁は地球の表面積の〇・一パーセントほどに過ぎないが、世界の一七〇万種といわれる生物のうち、九万種がここに棲む。生物多様性の宝庫として、なくてはならない存在なのだ。

このサンゴ礁が、いま危機に瀕している。海水温の上昇、天敵であるオニヒトデの増殖、大気中二酸化炭素の増加による海洋酸性化などの要因で、急速にサンゴ礁が破壊されつつあるのだ。すでに世界のサンゴ礁の二〇パーセントが破壊され、健全なのは三〇パーセントに過ぎないともいわれる。サンゴ礁が破壊されれば、二酸化炭素の吸収も弱まり、地球温暖化も加速するとの予測もある。

二酸化炭素と炭酸カルシウムの間に保たれてきた危ういバランスは、いままさに崩れようとしている。日常、気に留めることもなく踏みしめているこの大地が何によって支えられているのか、我々はいったん立ち止まって、改めて考え直してみる必要がありそうだ。

第7章　帝国を紡ぎ出した材料——絹（フィブロイン）

「おかいこさま」

小学校の社会科の時間に、地図記号を暗記した記憶がある。その時、筆者が子供ながらに疑問に思ったのが、「桑畑」という記号の存在であった。筆者の住んでいたあたりでは、田畑や山林はあっても桑畑など見たこともなかったし、地図にも桑畑の記号はほとんど見当たらない。なのに、なぜわざわざ専用の記号が作られたのだろう。

実は、戦前の日本地図を見てみれば、桑畑の記号があるのは不思議でも何でもないとわかる。昭和初期には、全畑地面積の四分の一を桑畑が占めていたのだ。その頃は、日本の農家の約四割が、家で蚕を飼っていた。その餌として必要不可欠な桑が、大量に栽培されるのは当然のことであった。蚕の餌となる桑の畑は、神聖な空間と見なされた。雷が落ちた時、災厄がやってきそうな時に「桑原桑原」と唱えるのはこれに由来する（異説あり）。

農家の屋内には、人間が寝るスペースさえ削って蚕棚が作られ、蚕が桑の葉をむさぼり食う音が響き渡っていた。このため、養蚕は日本の民家の造りにも大きな影響を与えている。たとえば世界遺産となっている飛騨の合掌造りの独特の形状は、積雪に耐えつつ、蚕棚をなるべく多く設置できる三階・四階建てとして工夫されたものだ。

蚕は卵から孵ってから繭を作るまで三〇日ほどかかるが、その間温度や湿度を管理しながら大事に育てられた。何しろ繭は高値で買い取られ、農家にとって貴重な収入源となる。「おかいこさま」と呼ぶほどに、彼らが蚕を慈しんで育てたのも当然のことであった。

合掌造り（白川郷）

蚕の幼虫の成長は、五齢に分けられる。卵から孵ったばかりの幼虫は黒く、まばらな毛に覆われているが、やがて白い芋虫状に変わる。五齢期に入ると、約一週間大量の桑の葉を食べ、体重にして孵化時の一万倍にも成長する。やがて体が金色に透き通ると、適当な隙間を求めて這い回り始める。よい場所を見つけると、幼虫は頭を8の字に振りながら、糸を吐いて繭を作る。一匹の蚕が吐き出す糸の長さは、最高一五〇〇メートルにも及ぶ。

得られた繭は、工場で選別され、良質なものだけを湯で煮る。中の蛹を殺して、せっかくの

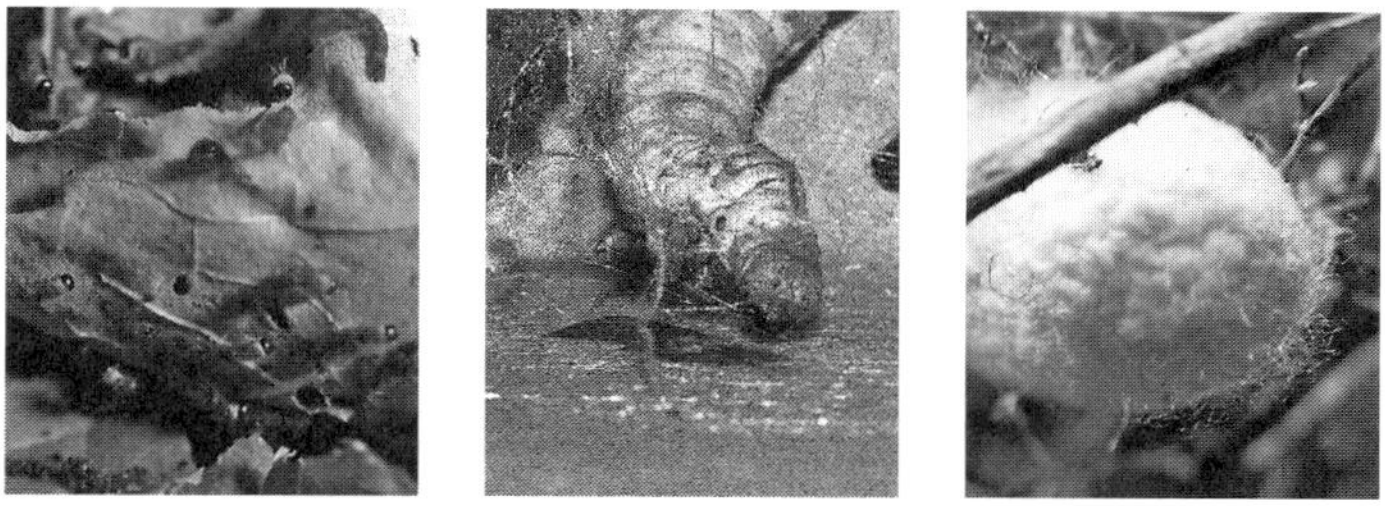

蚕（左：孵化7日目の幼虫、中央：糸を吐く5齢幼虫、右：繭）

繭を破って出てくるのを防ぐためと、糸同士を貼り付けている膠質を煮溶かしてほぐれやすくするためだ。繭の表面をほうきのような器具で軽くこすると、糸の端《いとぐち》が引き出されてくる。これを巻き取っていくことで、生糸が生まれる。

生糸は、灰汁などのアルカリ分と共に煮ることで、真っ白く手触りのよい、我々の知る絹糸へと化ける。実に手間のかかる工程ではあるが、得られる絹糸の持つ艶と風合いは、他のどんな繊維も及ぶところではない。

絹の起源

絹と日本人の関わりは、何も明治になって急に始まったことではない。『古事記』には、次のような蚕の起源神話が記されている。スサノオノミコトが、食物の神であるオオゲツヒメノカミに食物を求めたところ、オオゲツヒメは鼻と口、そして尻から、各種の美味な食物を取り出し、差し出した。しかしスサノオノミコトはこれを見て、汚い食物を出されたと怒ってオオゲツヒメを殺してしまった（気持ちはわかるが、ずいぶん乱暴な神様だ）。オオゲツヒメの死体の頭からは、蚕が生じた。その他、目からは稲が、鼻からは小豆が、耳からは粟が、陰部からは麦が、尻からは大豆が生じた、という。『日本書紀』などにも、登場人物は異なるが類似の神話が記載されている。面白いのは、いずれも重要な作物と並んで蚕が生まれていること、そして蚕は頭部から生まれている点だ。神話の時代から、すでに蚕は五穀と肩を並べ、あるいは上回るほど重要視され、神聖視されていたことを窺わせる。

中国でも、中華民族の始祖とされる神・伏羲《ふっき》が、蚕の繭から絹糸を紡ぎ、織物を作るすべを人々に教えたという神話が残る。浙江省の遺跡からは約四七〇〇年前の絹織物が出土しており、すでに高度な製糸及び織布の技術が存在していたことを物語る。一説には、人類が絹を利用し始めたのは、一万年近く前ともいわれる。

絹と人間の縁の深さは、我々が日常使っている漢字にも表れている。たとえば「緒」は繭から最初に糸を引き出す際の糸の端、「いとぐち」を意味する。「一緒」は、ひとつの糸筋につながっているという意味だ。「紀」の字も、いとぐちを見つけ出すという意味から始まり、これが筋道を立てる、順序立てて書くといった意味に広がっていった。「純」はもともと「まじりけのない絹の生糸」を意味する字であったし、「素」は染めていない白い絹糸を指す字であった。「練」の字は、もともと生糸を練る、すなわち生糸をよく煮て白く柔らかくすることを意味し、これが「鍛える」という意味に転用された。いずれの字も、絹糸に関することから意味

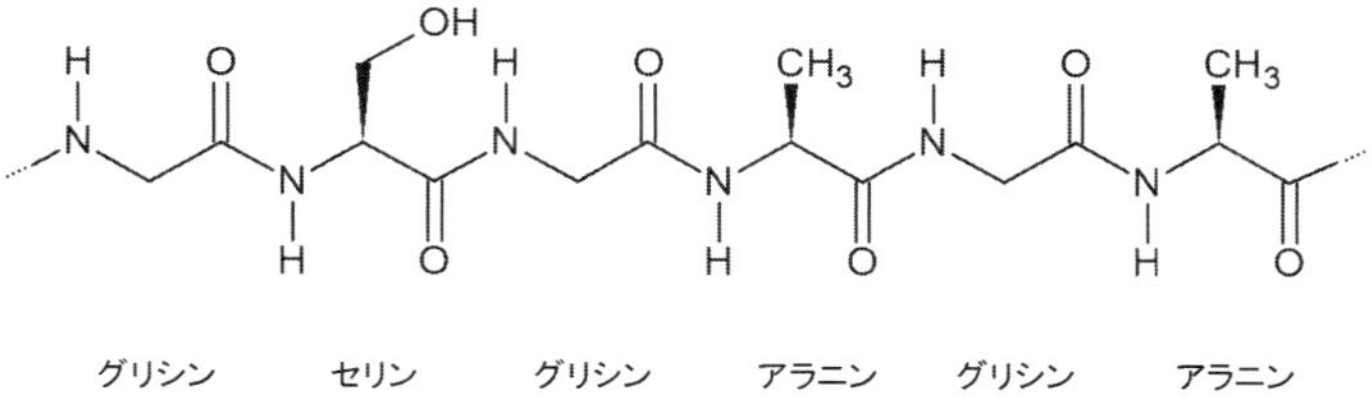

フィブロインの構造

が広がっていったものだ（ただし、こうした字源には別説もある）。いかに絹糸が、古代の人々に近いところにあったかがわかる。

絹の秘密

数々の優秀な合成繊維が安価に手に入る現代にあっても、絹は変わらず人々の憧れであり続けている。滑らかな手触り、艶やかな光沢はもちろんのこと、長年の使用に耐えるほど丈夫であること、染料で様々な色合いに染まり、美しい織物を作り出せることも見逃せない。

絹の主成分は、フィブロインという名のタンパク質だ。タンパク質とは、生体の中で極めて重要な役割を果たす化合物群で、アミノ酸が一列に長くつながってできている。このことがわかったのも、絹の研究においてであった。二〇世紀初頭、ドイツの化学者エミール・フィッシャー（一八五二〜一九一九年）はフィブロインの分解物の中に各種のアミノ酸を発見したのだ。絹は生化学の研究史においても、極めて重大な役割を演じたことになる。

先述のように、絹糸は極めて丈夫で長持ちする。これは、実は非常に不思議なことだ。タンパク質は腐敗しやすい物質の代表だからだ。同じくタンパク質を主成分とする食肉を、暑い日に外に放り出しておけば、ものの数時間で細菌が繁殖し、やがては溶けていく。細菌が放出する消化酵素によってタンパク質がアミノ酸単位へ分解され、最終的には二酸化炭素や水へと還ってしまうためだ。

しかし絹は食肉と違って分解せず、数千年の時の流れにも耐える。これは、フィブロインタンパク質を構成するアミノ酸鎖が、βシートやβターンと呼ばれる折りたたみ方を多く含んでいるためだ。この構造はほどけにくく、消化酵素の攻撃に強いことが知られている。

また近年、絹糸はトリプシンインヒビターと呼ばれるタンパク質を含んでいることがわかった。これは、消化酵素の一種であるトリプシンに結合し、そのはたらきをブロックする。おそらく、外敵の消化酵素から絹糸を守る役目を負っているのだろう。いわば、絹は天然の防腐剤を持っているわけだ。

フィブロインは、蚕の体内ではどろどろの液状だが、口から吐き出される時に細く引き伸ばされ、βシートなどに富んだ構造になると考えられている。液体が、一瞬にして丈夫な繊維へ化けるのだから不思議だ。こうした現象は、他のあらゆるタンパク質にも例を見ない。こうした丈夫なフィブロイン繊維が、さらに束となってできた絹糸は、同じ太さの鋼鉄よりも切れにくいという驚くべき強度を示す。

蚕が吐き出したばかりの糸は、フィブロインのまわりをセリシンというタンパク質が覆っている。これは、糸同士を貼り合わせ、繭の形を保つはたらきがある。繭から糸を巻き取る前によく煮るのは、このセリシンを煮溶かして繭をほぐれやすくする作業だ。

セリシンが除かれると、繊維の内部には無数の空隙が生じる。ここに湿気が入り込むために、絹は吸湿性に優れる。また、含まれた空気が熱を遮断するために保温性もよい。絹がしっかりと美しく染め上がるのは、内部の空間に染料が入り込むためだ。また、絹の繊維はフィブロインが三角形状の束になっており、これが光を屈折・反射させるために、美しい光沢を示す。単純なアミノ酸の組み合わせながら、絹糸は恐ろしくよくできた構造物なのだ。

絹の道

この素晴らしい繊維が、古代の人々を魅了せぬはずがなかった。前漢時代には絹織物の高度な製造技術が確立し、これらは異民族との交易において大いに珍重された。このため、絹の製法は国家によって厳重に秘匿される。貴重な絹は商人の手から手に渡り、やがて遠くローマにまで伝えられた。

運び込まれた絹は、ローマにおいて高い人気を博した。同じ重量の金と同価格で取引されるほどに絹が高騰したため、初代ローマ皇帝アウグストゥスは絹の着用禁止令を出したほどだ。四世紀初頭のディオクレティアヌス帝の時代、大麦一モディウス（約九リットル）の価格が一〇〇デナリウスであったのに対し、約三〇〇グラムの白い絹布は一万二〇〇〇デナリウスであ

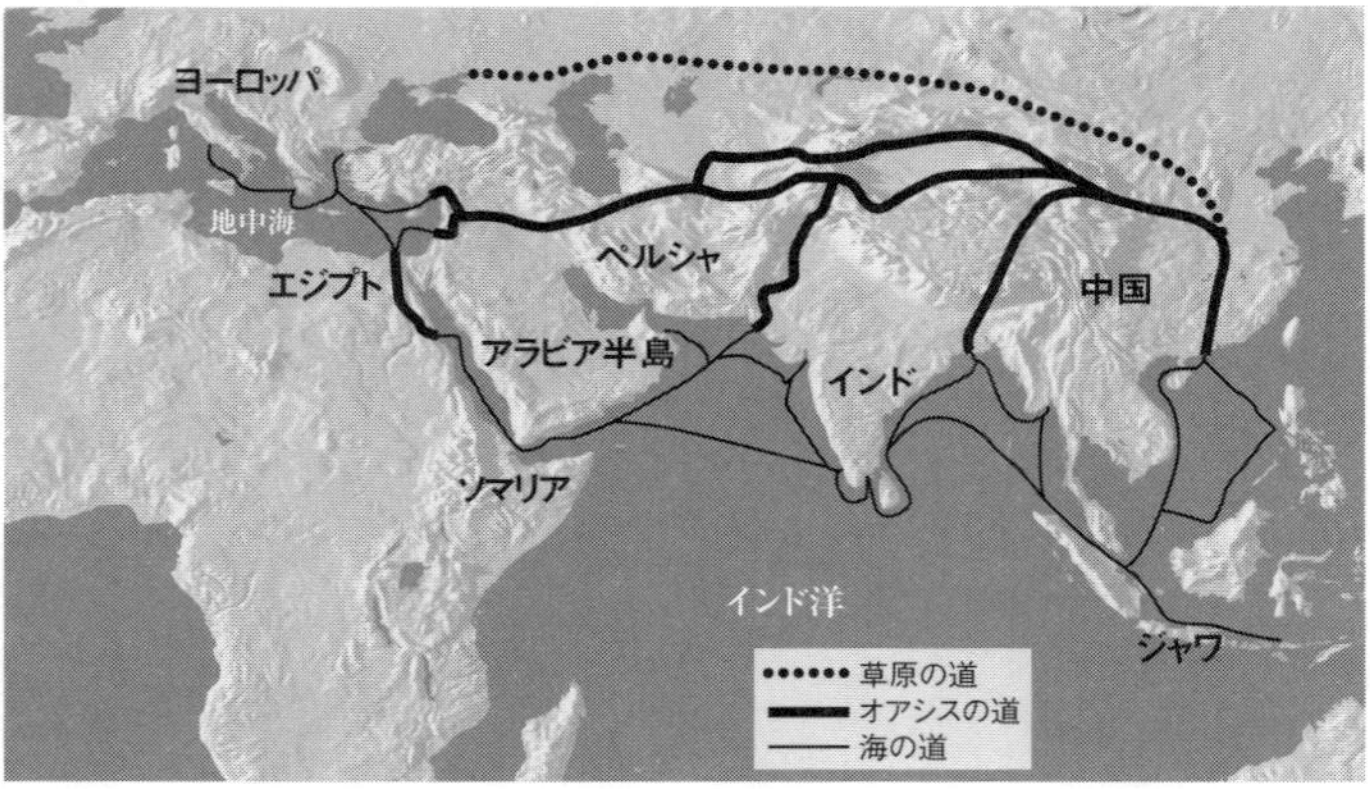

シルクロードの主なルート

った。絹の抗いがたい魅力は、ローマから多量の金を流出させ、これが帝国の経済弱体化にもつながったとされる。

中国とローマを結ぶ交易路が、いわゆるシルクロードだ。シルクロードといった場合、中央アジアのオアシスを辿って西へ向かう「オアシスの道」を思い浮かべるが、実際にはカザフスタンなどのステップ地帯を抜ける「草原の道」、東シナ海からインド洋を経てアラビア半島へ向かう「海の道」も重要な役割を果たした。

人類史上初めて、ユーラシア大陸をまたぐ交易路ができた意義は大きかった。こうして人と物の活発な東西交流がなされたことが、数々の発明と文明の進展を呼び、やがてヨーロッパ文明の世界制覇につながっていった——というのが、名著『銃・病原菌・鉄』(草思社)における著者ジャレド・ダイアモンド(一九三七年〜)の主張だ。

絹はこの交易において、いわば通貨としての役割も果たした。誰もが求めるものであり、軽くて運搬しやすく、必要量だけを取引できる絹は、通貨としての必要条件を満たしていたのだ。この面からも、絹が東西交流に果たした役割は大であった。

我が国においても、絹は通貨としての役目を演じている。大化の改新において定められた税制において、国民は絹を始めとする布類を、税金の一部として納めることを義務付けられたのだ（租庸調の「調」）。また寺社への奉納や、功績を立てた者への褒賞としても、絹布が盛んに用いられている。

西欧諸国における香辛料の需要が大航海時代の到来をもたらし、歴史を大きく動かす駆動力になったことはよく知られている。しかしこうして見ると、絹もまた香辛料に劣らぬほど、歴史を揺り動かす力になってきたといえるだろう。

シルクの帝国

平安朝においては、絹で織り上げられた色とりどりの衣服がもてはやされ、貴族たちの暮らしを彩った。しかし鎌倉時代に入って武士の世が訪れると、質素な服装が好まれるようになり、絹の文化はやや翳りを見せる。江戸期にも絹はしばしば倹約令の対象となり、庶民の手には届かぬものとなった。

とはいえ絹の需要は絶えることはなく、生糸は中国からの輸入が主体となり、代価として多量の銅銭が流出した。このため、幕府は国内での養蚕を奨励する政策を打ち出し、江戸末期には製糸の機械化も進められている。

養蚕事業が一挙に脚光を浴びたのは、明治に入ってからであった。幕末ごろ、太平天国の乱(一八五一〜一八六四年)による清の養蚕業への打撃、フランスやイタリアでの蚕の病気の流行などにより、日本からの生糸輸出は大幅に伸びていた。そこで明治政府は一八七二(明治五)年、フランスから技術者を呼び寄せ、官営製糸場を設立することを決定する。この時活躍したのが、渋沢栄一(一八四〇〜一九三一年)であった。

渋沢は幕末にフランスへの渡航経験があり、先進的な製糸工場をその目で見ていた。当時の政府には養蚕について詳しいものなどおらず、製糸場の建設から輸出蚕種の規制、養蚕奨励などの各種業務を渋沢が一手に引き受けることとなった。

群馬県の富岡は、以前から繭の一大集積地であり、広い土地の確保も可能であった。渋沢はここに機械製糸場を建て、殖産興業の柱に据える決断を下す。これが、有名な富岡製糸場の始まりであった。

渋沢はその後、第一国立銀行(現・みずほ銀行)や東京証券取引所の他、五〇〇を超える企業の設立に関わり、「日本資本主義の父」と称される。これらの業績があまりに輝かしいために語られることは少ないが、富岡製糸場の基礎を固めたことも、彼の大きな功績に数えるべきであろう。

製糸工場で作られた生糸は、大規模に輸出され、日本の基幹産業となっていた。一九二二（大正一一）年には、日本の総輸出額の四八・九パーセントを生糸が占めるまでになった。こうして得た外貨によって、日本は工業化と富国強兵政策を押し進め、明治維新からわずか数十年で列強と肩を並べる国家へと駆け上った。その原動力となったのは、ただ一種の昆虫の幼虫が吐き出す、細い糸であったのだ。

富岡製糸場

　技術的な面でも、多くの改良が加えられた。たとえば一九〇六（明治三九）年には、動物学者外山《とやま》亀太郎が、一代交雑種の利用を提唱した。彼は、日本産の蚕と海外産の蚕をかけ合わせた雑種の蚕は、親よりも強健で、絹糸の生産量も高いことを見つけ出したのだ。現在では農業・畜産などの分野で当然のこととなっているハイブリッド種の利用は、この外山の発見に基づくものだ。

　その後も引き続いて行われた品種改良により、蚕の生産性は格段に向上した。明治三〇年代には、生糸一俵の生産に要する繭の数は約一八四万粒であったが、昭和五〇年代にはわずか一九万粒となった。蚕一匹あたりの生糸生産量が、一〇倍近くにも伸びた計算となる。

その代わりに蚕は、野生で生きていく能力を完全に失ってしまった。幼虫は、自力で木の幹につかまり続けることができず、成虫は空を飛ぶこともできない。現代の蚕は、摂取したタンパク質の六〜七割を絹糸へと変換する、超高効率の製糸マシーンと化しているのだ。あらゆる家畜の中で、野生に戻る能力を完全に失った唯一の生物といわれる。

巨大産業となった製糸事業は、さまざまな弊害も引き起こした。富岡製糸場こそ先進的な労働環境で知られていたが、ほかの多くの製糸工場では女性たちが劣悪な環境で働かされたため、結核などで多くの者が命を落としたことは、『女工哀史』『あゝ野麦峠』などで語られた通りだ。当時の新聞によれば、女工の一〇〇〇人に一三人が亡くなったというが、実際には結核で死ぬ前に郷里に帰され、そちらで亡くなる者も多かった。これによって結核は各地に広がり、日本人の国民病ともなった。日本が近代化のために支払った、大きな代償であった。

戦後には、化学者たちが絹の代替品として、ナイロンやポリエステルなどの優れた合成繊維を次々に生み出していった。風合いこそ絹に若干及ばないながら、安価で、保温や染色性にも優れた合成繊維は、長く王座に君臨してきた絹の市場を軽々と奪っていくこととなる。テクノロジーが、長く人類と共にあった絹という材料を追いやってしまったともいえるが、生糸作りに伴う長く過酷な労働から人々を解放したことも、紛れもない事実だろう。

ハイテクシルクの時代

明治日本を支えた富岡製糸場は、二〇一四年に世界遺産に登録され、すでにその存在は歴史の一ページとなった。桑畑の地図記号も二〇一三年に廃止され、教科書からその姿を消している。絹を日常で見かける機会も少なくなっており、若い世代には絹製品を手に取ったことさえない人もいることだろう。

しかし一方で、現代のテクノロジーとの融合も進みつつある。代表的なのは、スパイダーシルクと呼ばれる繊維だろう。クモはカイコと並んで、タンパク性の糸を吐き出す虫として知られる。その糸の強度は、防弾チョッキに用いられるケブラー繊維の三倍ともいわれ、伸縮性も高い。

ついに廃止された桑畑の記号

しかし絹と異なり、クモの糸の実用化は進んでこなかった。カイコと異なり、一匹のクモが作る糸の量が少ないこと、またクモは共食いを始めてしまうため、大量養殖ができないことなどがその理由だ。

そこでカイコにクモの遺伝子を組み込み、絹糸の代わりにクモの糸を作らせる研究が進んでいる。これがスパイダーシルクだ。極めて強靱で軽く、アレルギーなども引き起こさないスパイダーシルクは、軍事から再生医療まで幅広い応用が期待されている。

二〇一六年、中国の清華大学のグループは、夢の炭素材料といわれるカーボンナノチューブやグラフェンを、水に分散させて桑の葉に噴霧し、これを蚕に食べさせる実験を行なった。結果、できた絹糸は高い強度を示し、高温処理すると電気を通すようになったともいう。正直言ってにわかには信じ難い研究結果ではあるが、こうした研究によって伝統的な材料である絹が、新たな可能性を引き出されることは十分にありうるだろう。

その尽きせぬ魅力によって歴史を突き動かしてきた絹という材料に、ここへ来てまた新たな側面が付け加えられようとしている。人類と共に数千年を歩んできた絹が、百年、千年後にどのような存在となっているのか、想像してみるのも面白いのではないだろうか。

第8章　世界を縮めた物質——ゴム（ポリイソプレン）

「命」よりも「感動」か？

フォーブス誌が二〇一七年に発表したスポーツ選手長者番付によれば、世界で最も稼ぐアスリートはサッカーのクリスティアーノ・ロナウド選手（ポルトガル）で、その年収は九三〇〇万ドルに達したという（年俸と広告契約料の合計）。以下、バスケットボールのレブロン・ジェームズ（アメリカ）の八六二〇万ドル、サッカーのリオネル・メッシ（アルゼンチン）の八〇〇〇万ドル、テニスのロジャー・フェデラー（スイス）の六四〇〇万ドルと続く。日本のアスリートにも、世界に伍して戦える者が出てきているが、やはりメジャースポーツのトップは桁違いだ。

ロナウド（左）とメッシ（右）

筆者は仕事柄、多くの優れた研究者と接する機会があり、中には画期的な医薬を生み出した人、次世代のエネルギーを支えるであろう太陽電池を生み出した人などもいる。しかし、彼らは決して経済的に大きな成功を収めてはいない。考えてみれば、人命を救い、世界を豊かにする発見をした人より、ボールを上手に打ち、蹴る人の方が、はるかに巨大な金銭と名声を手にしているのは不思議なことではある。人間というものは、命よりも感動にカネを払う生き物ということだろうか。

筆者もスポーツ観戦を好む人間の一人であり、彼らトップアスリートが巨額の報酬を得ることを非難するつもりはない。努力を積み重ねて困難に打ち克ち、世界の人々に明日へのエネルギーを与えているのだから、相応に評価されて当然と思う。ただ、人類に大きく貢献した研究者たちにも、トップアスリートに比肩しうる何かがあってもよいのでは、とも思う。

球技が生まれた時代

先のスポーツ選手長者番付の上位一〇〇名中、球技のプレーヤーは九〇名と圧倒的多数を占めている。幼稚園児などを見ていてもボール遊びは大好きで、球ひとつを追いかけて何時間でもはしゃいでいる。ボールをめがけて走り、蹴り、投げ、打ち返す動作には、かつては狩猟生活に明け暮れていた我々の、眠っている本能を刺激する何かがあるのだろう。ボールがなければ、この世界はずいぶん寂しいものだったはずだ。

これら、世界を熱狂させる球技の起源を調べてみると、一九世紀後半に生まれているものが多いことに気づく。もちろん、それぞれの原型となる競技はずっと昔からあったが、この時期にルールが整備され、組織化されて盛んになった競技が多いのだ。

　サッカーの場合でいえば、ボールを蹴る球技は古くから世界各地に存在しており、日本や中国の蹴《け》鞠《まり》もそのひとつだ。しかし近代的なサッカーが生まれたのは、一八六三年一〇月二六日ロンドンでのことだ。それまで、フットボールという競技は学校やクラブごとにさまざまなルールでプレーされており、対抗戦がしにくい状況だった。そこでこの日に居酒屋でクラブの代表者による会合が持たれ、手でボールを持ってはならないというルールのサッカーと、持ってもよいというラグビーの分離が決定したのだ。前者はフットボール協会を結成し、サッカーが世界最大のスポーツへと発展する大きなきっかけとなった。

1872年のイングランド対スコットランドのサッカーの対戦を描いた漫画

　ゴルフも、すでに一五世紀には原型となる競技が存在していたが、全英オープンが始まったのが一八六〇年、爆発的ブームが始まったのが一八八〇年代とされる。テニスも、ラケットでボールを打ち返す競技自体は以前からあったが、近代的なテニスが考案されたのは一八七三年、英国の軍人ウォルター・クロプトン・

ウィングフィールド少佐によってであった。一八七七年には、現代まで続くウィンブルドン選手権が開始されている。

野球の試合が初めて行なわれたのは一八四六年のこととされるが、投球は下手投げのみ、打者が打ちやすいコースを指定して、投手はその通りに投げねばならないなど、ずいぶん現在とは違うイメージのゲームであった。この後徐々にルールが改正されて現在の野球に近いものになってゆき、一八七六年にメジャーリーグがスタートしている。

なぜこの時代に球技が大発展したのか。もちろん、工業化の進展による中産階級の増加といった要素もあっただろうが、より大きな要因は良質のゴムが普及したことだ。

ゴムの登場以前には、たとえばサッカーには動物の膀胱をふくらませたボールが使われていた。当然ながら反発力も弱く丈夫さにも欠け、サイズやはずみ方なども不揃いだったことは想像に難くない。

一方、ゴムの袋に空気を入れて作ったボールなら、弾力も桁違いであり、丈夫で均質なものが量産できる。よく弾むボールを皆で追い回し、蹴り飛ばすというそれまでになかった快感は、多くの人々を虜にしたことだろう。

こうした事情はサッカーボールばかりでなく、他の球技でも見られた。初期のゴルフボールは木製であったが、一九世紀中頃に「グッタペルカ」という樹脂で作った硬いボールが登場した。さらに、このグッタペルカの芯にゴム紐を巻きつけ、さらに表面をグッタペルカで覆ったボールが工夫され、飛距離と耐久性が大きく伸びた。現在のゴルフボールは、さまざまな硬さのゴムが層を成した、ゴム技術の集成といえるものになっている。

また、均質かつ大量生産可能なボールは、統一的なルールで大規模な球技大会を行なうことを可能にし、競技の普及と発展を促した。一八九六年から始まった近代オリンピックも、この流れの中から生まれたものといえるだろう。

しかし、ゴムがヨーロッパにもたらされたのは一五世紀のことだ。ではなぜゴムボールを用いる球技が、四〇〇年も後になってから花開いたのだろうか。実は長い間、ゴムは現在のような扱いやすい材料ではなかった。現在の我々が知るゴムができるまでには、大きなブレイクスルーが必要だったのだ。

ラテックスの採取

ゴムを作る植物

天然のゴムは、微細なゴムの粒子が水に分散した乳状の樹液（ラテックス）を空気中で凝固させたものだ。ラテックスを作る植物はいくつかあり、タンポポなどもそのひとつだ。メキシコにはサポディラという木があり、住民たちはこの樹液から得られる「チクル」を噛む習慣があった。これが現在のチューインガムの起源とされる。

しかしラテックスの供給源として最も優れているのは、いわゆるゴムの木だ。ゴムの木はラテックスの産出量が多く、得られるゴムの弾力性も高い。また、ゴムの木の幹に傷を入れることで、したたってくる樹液を集めて乾燥させるだけで簡単にゴムが得られる。古くからメキシコの住民たちは、この樹液から作ったボールを用いる球技を楽しんでおり、専用の競技場も残っている。

このゲームは変化しながら、「フエゴ・デ・ペロータ」の名で今でも行われている。中まで詰まった固くて重いゴムボールを、プロテクターをつけた尻で打ち上げて、高さ約七メートルのリングをくぐらせたチームが勝ちというものだ。見た目はユーモラスだが、部族間で対立が起きた際には、戦争の代わりにこの競技で決着をつけていたという。ゴムボールは、平和の維持に欠かせない存在であったわけだ。

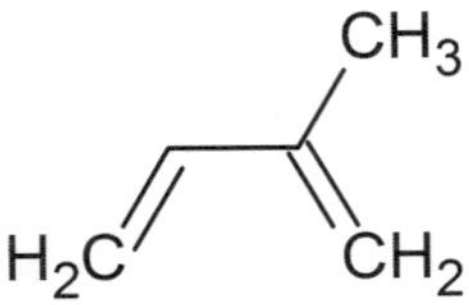

イソプレンの構造

ゴムが伸びるわけ

ゴムの特徴といえば、その群を抜く伸縮性だ。他の材料にはないこの特性は、その分子構造に由来している。

ゴムが炭素と水素から成っており、その比率が五：八であることを示したのは、磁石の章にも登場するマイケル・ファラデー（一七九一～一八六七年）だ。現在では、ゴムはイソプレンC_5H_8という分子が長く一直線につ

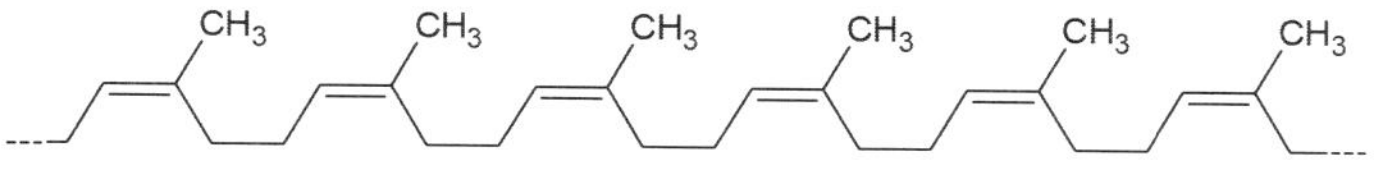

ポリイソプレンの構造

ながったものであることがわかっている。

このイソプレンという分子は重要な単位構造で、自然界の多くの化合物がイソプレンを基礎として出来上がっている。柑橘類の香り成分であるリモネンや、ミントの香りの成分であるメントール（メンソール）は二つ、バラの香り成分であるファルネソールは三つ、人参の色素であるカロテンは八つのイソプレン単位を元に出来上がっている。そしてゴムは、このイソプレン単位がどこまでも長くつながったものだ。みかんの香りとゴムは一見似ても似つかないが、分子レベルで見れば非常に近い親戚筋ということになる。

このことを実感できる実験がある。膨らませたゴム風船にみかんの皮の絞り汁をかけると、しばらくして風船が破裂するのだ。似た者同士の分子は混じり合いやすいので、皮に含まれるリモネンなどがゴムの成分を溶かし、風船の膜を弱めて破裂させてしまうのだ。

このイソプレン単位には、炭素同士が二重結合と呼ばれる結合で結びついた場所がある。二重結合は他の結合と違って回転できず、分子の鎖の動きを制約する。長い鎖に規則正しく現れる二重結合のため、ゴムは分子全体が縮れた糸のようになっている。これを引っ張ると縮れが伸び、放すとまた縮れた形に戻る。これがゴムの伸縮性の秘密だ。つまりゴムはナノサイズのバネのような構造で、これが伸び縮みしていると考えればよいだろう。

ゴム、海を渡る

このゴムという材料をヨーロッパにもたらしたのは、例によってクリストファー・コロンブスの艦隊であった。彼らは第二回航海（一四九三〜九六年）で、イスパニョーラ島（現在のハイチ及びドミニカ共和国）を訪れた際、ゴムボールによる球技に興じる住民たちを目撃している。これがヨーロッパ人とゴムの最初の遭遇であった。

その後、コロンブスに続いた航海者が何度かゴムをヨーロッパに持ち帰るが、単に新大陸の珍しい品というだけで、実用的な用途は見つからなかった。実のところ、このころのゴムは冬には固くなり、夏には溶けてベタベタになるという厄介な代物であったのだ。

ゴムの使い道を見つけ出したのは、イギリスの自然哲学者ジョゼフ・プリーストリー（一七三三〜一八〇四年）だ。それまでは、鉛筆で書いた文字は湿ったパンで消していたが、ゴムの塊でこする方がよく消えることを発見したのだ。ゴムの英名である「rubber」は、「こするもの」という意味で彼が命名したものだ。

プリーストリーといえば、政治哲学から神学、物理学など幅広い範囲で功績を残した大学者として知られる。化学者としては酸素やアンモニア、炭酸水などの発見で有名であり、アメリカ化学会の最高賞であるプリーストリーメダルにもその名を残しているほどの人物だ。消しゴムの発明にまでその手が及んでいるのは驚きだが、別の見方をすれば、彼ほどの碩学が研究してさえ、消しゴム程度の用途しかこの時代には見つけられなかったともいえる。ゴムが広く用いられるようになるには、まだ大きなブレイクスルーが必要であった。

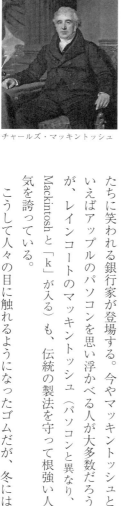

加硫法の発見

一八二三年には、水や空気を通さないというゴムの特性を活かした、新たな用途が開発される。化学者チャールズ・マッキントッシュ（一七六六〜一八四三年）が、ゴムでコーティングしたレインコートの製造に成功したのだ。これ以来「マッキントッシュ」あるいは「マック」は、イギリスにおいてレインコートの代名詞となる。ビートルズの名曲「ペニー・レイン」（一九六七年）にも、土砂降りの雨の日にもマックを着ず、子どもたちに笑われる銀行家が登場する。今やマッキントッシュといえばアップルのパソコンを思い浮かべる人が大多数だろうが、レインコートのマッキントッシュ（パソコンと異なり、Mackintoshと「k」が入る）も、伝統の製法を守って根強い人気を誇っている。

チャールズ・マッキントッシュ

こうして人々の目に触れるようになったゴムだが、冬には

グッドイヤー社のタイヤ

チャールズ・グッドイヤー

固くなり、夏にはべたついて異臭を放つという欠点は相変わらずであった。この欠点克服に挑んだのが、アメリカの発明家チャールズ・グッドイヤー（一八〇〇〜一八六〇年）であった。彼は、ゴムが溶解するのは湿気のせいと考え、乾燥した粉末を混ぜればこれを克服できるというアイディアを持った。

グッドイヤーは、ゴムに酸化マグネシウムや石灰などあらゆる粉末を混ぜ込む実験を重ねたが、溶解を防ぐことはできなかった。出資者が手を引いたために貧困に苦しみ、実験のために健康さえ害しながらも、彼は決して諦めなかった。借金のために何度も投獄され、貧しさのために子供を失いながらも実験を続けたというから、その執着ぶりは異常というほかない。

グッドイヤーの凄まじい執念に対し、ついに運命の女神は微笑む。実験開始から五年目の一八三九年、ゴムに硫黄を加えて加熱することで、耐熱性を持たせられることを発見したのだ。グッドイヤーはさっそく特許を取得、一八四二年にゴム工場を立ち上げた。

筆者はこの話を読んだ時、なるほどこれが現在世界屈指のタイヤメーカーであるグッドイヤー社であり、チャールズは長年の労苦が報われて大金持ちになったのか——と早合点してしまった。だが実のところ彼は、加硫法という画期的な発明は成し遂げたものの、事業家としてはまったく成功できなかった。現在のグッドイヤー社の設立は加硫法の発明から半世紀以上も後の一八九八年であり、社名はチャールズ・グッドイヤーにちなんで命名されたものの、直接の資本関係などはない。

加硫法の特許はあちこちで侵害を受け、グッドイヤーは多数の裁判を闘う羽目となった。特にイギリスでは、特許をまるまる他人に奪われた。グッドイヤーが売り込みのため、製法を明かさずにサンプルを送ったところ、受け取ったゴム会社ではこれを分析して、表面にわずかに硫黄が付着していることを見つける。この企業はさっそく加硫法の特許を申請、こちらが成立してしまったのだ。結局グッドイヤーは巨額の借金を抱えたまま、自らの発明が世界を変えていくさまを見ることもできず一八六〇年に世を去っている。その名を刻んだタイヤが世界中を駆け巡っていることが、彼にとってはせめてもの慰めだろうか。

分子をつなぐ橋

硫黄を加えて加熱するという単純な操作で、それまで温度変化に弱かったゴムは、非常に安定した物質に化けた。これは「架橋」という化学反応が起きた結果だ。

先に、ゴムの分子は長い鎖状で、ところどころに二重結合が含まれていると述べた。硫黄は

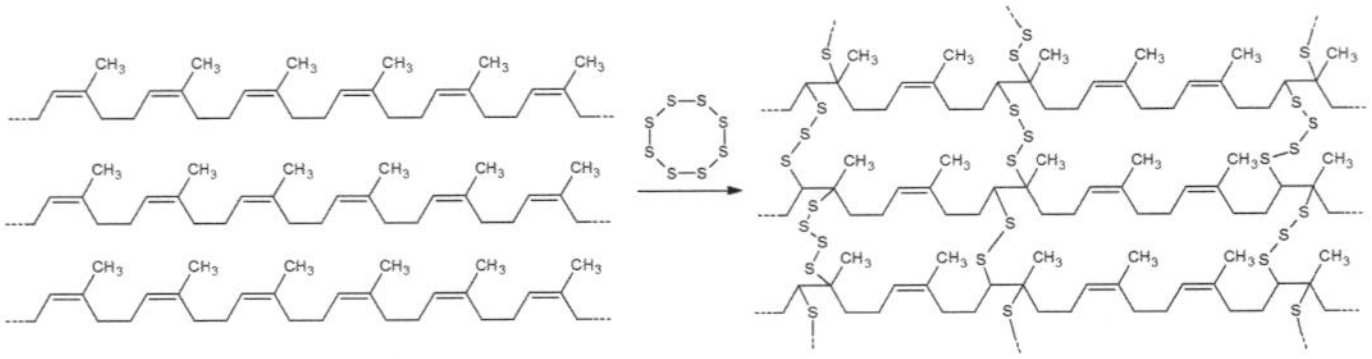

「架橋」の模式図

この二重結合と反応する珍しい物質で、加熱するとここに結合し、鎖同士に橋を架けるような形で結び合わせてしまうのだ。

植物から採ったゴムは、長い分子の鎖同士が弱い力で引き合っているだけなので、温度が上がると分子が激しく動き回り、とろけてしまう。しかし硫黄で分子同士をつなぎ合わせてしまえば、しっかりした構造となって熱に強くなる。これが加硫法の秘密だ。

架橋によって全体がひとつながりになることで、ゴムはちぎれにくくなり、長く引き伸ばしても元に戻りやすくなる。また、加える硫黄の量を多くすれば橋架けも多くでき、硬いゴムができあがる。

この大改良により、ゴムの用途は飛躍的に広がった。一八六六年にフランスで開発されたシャスポー銃はそのひとつで、ゴムリングで密閉することで弾丸発射時のガス漏れを防ぎ、それまでの銃に比べて二倍もの射程距離を実現した。これは普仏戦争（一八七〇〜一八七一年）やパリ・コミューン鎮圧（一八七一年）に用いられて活躍した他、幕末の日本にも輸出され、後に陸軍の制式装備となった村田銃の原型ともなっている。加硫ゴムは、誕生するや否や歴史を動かす存在となったのだ。そしてゴムの登場によって「律速段階」を越えた分野は、球技や銃だけにとどまらなかった。

ゴムが生んだ交通革命

よく、車輪は人類の偉大な発明のひとつといわれる。人類の発明の多くは、自然界にあるものからその原理を学んだものだが、車輪だけは完全なオリジナルだからだ。確かに、自然界には何百万という動物がいるが、車輪で移動するものは見当たらない。強いて言えば、鞭毛と呼ばれる長い尻尾を回転させて泳ぐ細菌がいるが、これはどちらかといえばスクリューに近い。

車輪は足で歩くよりも、ずっとエネルギー効率に優れる。これは自転車に乗ってみればすぐ実感できることだろう。なのに車輪を使う生物がいないのはなぜか。生物学者の本川達雄（一九四八年〜）はその著書『ゾウの時間 ネズミの時間』（中公新書）で、車輪は平坦で硬い地面でないと効力を発揮しない点を指摘している。確かに車輪は凹凸に弱く、直径の四分の一の段差があると越えるのが難しくなり、二分の一以上の段差は原理的に越えられない。また、ぬかるみや砂地など摩擦が小さい場所も、車輪には向かない。

となると自然界には、車輪が威力を十分に発揮できる場所はほとんどないことになる。舗装された道路なくして、車輪は使い物にならないのだ。一九世紀の道路は、今のようなアスファルト舗装ではなく、多くが砂利道であった。木製や固形ゴム製の車輪では、わずかな凹凸を乗り越えるたびに乗り手に衝撃を与え、積み荷や車体にダメージが及ぶ。当然、スピードを出すにも限界があった。

これを解決したのが、スコットランド生まれの獣医ジョン・ボイド・ダンロップ（一八四〇～一九二一年）であった。一〇歳の息子から「三輪車をもっと楽に、速く走れるようにしてほしい」と頼まれたダンロップは、路面の凹凸を吸収できる空気入りタイヤを思いつく。試しに、空気を入れたゴムのチューブを木の円板のまわりに鋲で固定したタイ

ジョン・ボイド・ダンロップ

ヤを作り、三輪車に装着したところ、結果は上々だった。
これが評判を呼んだため、ダンロップは空気入りタイヤの特許を取得、一八八九年にはダブリンで会社を設立した。衝撃を分散し、多少の段差や小石などものともしない空気入りのタイヤは、爆発的に需要を伸ばした。それまでの固形ゴムのタイヤは、わずか一〇年ですっかり空気入りタイヤに取って代わられてしまったという。ダンロップの会社は曲折を経つつ、そのブランド名は現在まで続いている。
だが、実はダンロップは空気入りタイヤの第一発明者ではない。これより四〇年以上遡る一八四五年に、スコットランド人のロバート・ウィリアム・トムスン（一八二二～一八七三年）が空気入りタイヤを開発していたのだ。しかしこのころは、まだ自動車どころか自転車も発明されたばかりであり、彼の発明は高コストなだけで使いどころがなかったのだ。素晴らしいアイ

ディアであったが、時代が味方しなかったという他はない。

一九〇八年にアメリカで発売されたT型フォードは、一九年間にわたって約一五〇〇万台を売るベストセラーとなり、世界にモータリゼーションの時代をもたらした。量産可能になったゴムが、これを支えたことはいうまでもない。これによってアメリカのインフラ整備が進み、物流が飛躍的に拡大し、多くの産業が生まれた。アメリカという広大な国家は、この交通革命によってしっかりと一つにまとまり、後の覇権国家への礎が築かれたといってよいだろう。現代でも、ゴムのタイヤはあらゆる物品を運び、我が国の基幹産業である自動車産業を足元から支えている。その重要性に、異論を差し挟む余地はあるまい。

1910 年モデルの T 型フォード

加硫ゴムという発明は、登場から百数十年で、世界の景色をすっかり変えてしまい、ゴムのなかった時代が想像できないほどになっている。では、もしゴムの木が古くからアジアやヨーロッパに存在していたなら、歴史はどう変わっていただろうか。

たとえば古代中国には道士と呼ばれる者たちがおり、あらゆるものを調合して不老長寿の霊薬の創造を目指していた。こうした中から、硫黄を用いた黒色火薬が、今から一〇〇〇年以上も前に作り出されている。もし彼らがゴムを手に入れていたなら、この時代に加硫法が発見された可能性は十分にあったことだろう。

　この優れた材料があれば、たとえば以前に紹介したコラーゲンを利用した弓矢などをはるかに超える飛び道具が、いくつも易々と生み出されたに違いない。また、もしローマ人にゴムを与えたならば、その優れたインフラ整備能力とゴムタイヤの効果が相まって、さらに支配領域を広げていたかもしれない。軍司令官の立てる作戦も変わるだろうし、城や都市のあり方も今とは全く違うものになっていたことだろう。一本の輪ゴムを眺めながら、そんな空想を広げてみるのも、時には悪くない。

第9章　イノベーションを加速させる材料——磁石

磁石に引き寄せられる砂鉄

磁石とは何か

子供の頃、公園の砂場で磁石を使って砂鉄を集めた記憶のある方は多いだろう。磁石は小学校の理科の教材として必ず触れるし、冷蔵庫のドアに貼るクリップなど、身近でみかける機会も多い。

あまりに身近過ぎてなんとも思わなくなっているが、考えてみればこれほど不可思議な材料は他にない。エネルギーを加えることもなしに距離も遮蔽物も超えて、物体を吸い寄せるものなど他にあるだろうか。もしこれがレアメタル並みに希少な材料であったら、世界の国家や巨大企業が巨額の資金を投じて争奪戦を演じることだろう。それくらいに、磁石とは有用にして特異な存在だ。

が、幸いにして磁石は大量に存在し、人工的に安く作り出すこともできる。磁石に関するイノベーションはイノベーションを呼び、今や磁石のない社会など考えられないようになっている。その活躍の場の広さは、おそらく多くの人々の想像をはるかに超えていることだろう。

磁石がなぜ鉄片を引き寄せるのかという謎は、古来人々の関心を引き続けてきたが、その解明は容易ではなかった。二〇世紀になってようやくその謎は解かれたが、残念ながら直感的に「なるほど」と思えるようなメカニズムではない。

磁力を生み出しているのは、突き詰めれば電子のスピンだ。といっても、何も電子が本当にコマのようにくるくる自転しているわけではないのだが、そう考えれば理解しやすいため「スピン」の名で呼ばれている。物理学の不得意な筆者としては、「そういうものですか」というしかない話である。

電子のスピンには上向きと下向きの二種類（これもそう考えれば便利というだけで、実際に上下の向きがあるわけではない）があるが、通常の物質中には両者が同数あるため、互いの力を打ち消し合ってしまう。このため、ほとんどの物質は磁力を持たない。ところが、鉄の原子は特殊な電子構造を持っており、スピンの性質が打ち消し合わずに残る。室温でこうした性質を見せる金属は、鉄の他にはコバルトとニッケルだけだ（ただし二〇一八年、特殊な結晶状態のルテニウムが、室温で強磁性を示すことが確認された）。

とはいえ普通の鉄の塊は、磁石としては働かない。これは、鉄原子の向きがバラバラであるので、互いに磁力を打ち消し合ってしまうためだ。ここに磁石を近づける（磁界をかける）と、鉄原子の向きが揃って、ただの鉄が磁力を示すようになる。要するに、鉄やコバルト、ニッケルなど特別な元素の向きが一定に揃ったとき、磁力が発生するわけだ。

「慈石」の発見

人類がいつごろ磁石を知ったのか、詳細は定かではない。ある伝承によれば、遊牧民が靴や杖につけた鉄製部品が、黒い石を吸い付けることを見つけたのが起源だという。天然には磁鉄鉱と呼ばれる鉄鉱石が広く存在し、磁性を帯びたものもみられるから、世界各地で多くの人がその存在に気づいていたことだろう。

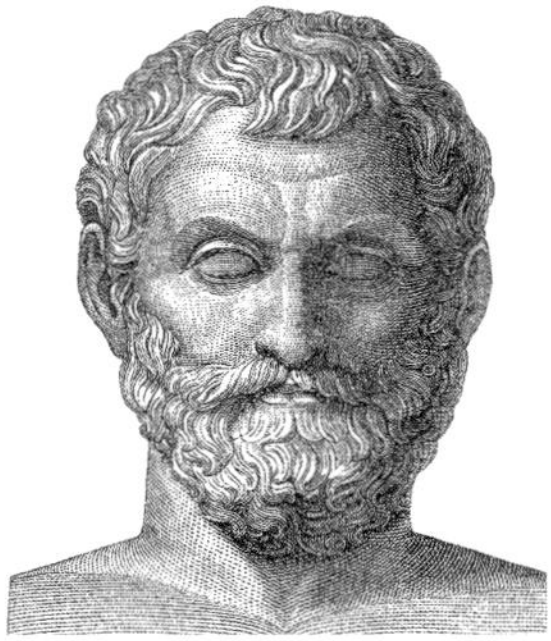

タレス

磁石の英名「マグネット」の語源にはいくつかの説があるが、ギリシャのマグネシア地方で産出したことから来ているとする説が有力だ。哲学者タレス（紀元前六二四？～前五四六年？）も著書で磁石について言及していたとされ、すでにこの頃には鉄を吸い寄せる性質が広く知られていたことを窺わせる。

その他多くのギリシャの哲学者たちも、磁石は鉄を吸い寄せるが逆は起こらないと考えて、その力の源について仮説を展開している。たとえば、原子論を唱えたことで知られるデモクリトス（前四六〇頃〜前三七〇年頃）は、同種の動物同士が集まり群れるのと同様、鉄と類似した磁石は引きつけ合うと考えていた。

中国では、慈愛をもって鉄を引き寄せるかのような様子から、古くは「慈石」と呼ばれていた。慈石を多く産する地方は「慈州」と呼ばれ、これは現在の河北省邯鄲市磁県となっている。洋の東西を問わず、磁石は古代から人々の興味を大いに惹きつける存在であったようだ。

中国では磁石を医薬として用いようとした者もいたし、西洋でも「枕の下に磁石を忍ばせておくと、浮気している女はベッドから突き落とされる」「白い磁石は愛の媚薬となる」などの迷信が長く信じられていた。人々が、磁石の不思議な力に神秘を感じていた表れともいえよう。

指南車と羅針盤

その磁石の実用的な価値を最初に見出したのも、どうやら中国の人々であったようだ。彼らは磁石が南北方向を指すことに気づき、方位磁針として利用したのだ。

古来、中国には「天子は南面す」という言葉があり、皇帝は南を向いて座するものとされていた。そこで、伝説上の皇帝である黄帝の行幸の際、常に南の方角を知れるよう「指南車」が発明されたと伝えられる（人を正しい方向へ教え導くという意味の「指南」の語源）。ただしこの指南車に載せられていたのは、常に最初に指定した方角を向き続けるように設計された機械仕掛けの人形であったとされ、磁石のように自ら方角を指し示すものではなかったようだ。

一世紀には、「司南之杓」が文献に登場する。これは、天然の磁石をスプーン型に削ったもので、柄が南を指すことで方角を知った。方位磁針を木製の魚に埋め込み、水に浮かべた「指南魚」は三世紀ごろから利用され、かの諸葛孔明が用いたとの言い伝えもある。こうした磁石の活用は、製紙法・印刷術・火薬と並び、古代中国の四大発明と評価されている。

東洋の大航海時代

この方位磁針が真に威力を発揮したのは、明朝の時代になってからのことだ。明の第三代皇帝・永楽帝は、宦官の鄭和《ていわ》（一三七一〜一四三四年）を総指揮官に任命し、西方諸国へと「西洋取宝船」を送り出したのだ。第一次航海には六二隻の艦隊が送り出され、その一艘は全長一五〇メートル、現在でいえば八〇〇〇トン級の船に相当するという（海上自衛隊のあたご型護衛艦が七七五〇トン）。このほぼ一世紀後にインド洋を旅したヴァスコ・ダ・ガマ艦隊の旗艦は一二〇トン程度であったというから、鄭和の艦隊は桁外れの巨大さであったのだ。

鄭和の艦隊

西洋取宝船の航海は第七次まで続けられた。艦隊は遠く現在のケニアまで到達し、多くの珍奇な品を明にもたらした。陸地から遠く離れた海上で、曇天の際にも正確に方位を知れる羅針盤なくして、この大事業が不可能であったことは言うまでもない。

ただしこの「東洋の大航海時代」は、鄭和の死とともに幕を閉じ、以後の艦隊派遣は一切行なわれなくなった。鄭和が行なった交易は通常の商取引とは異なり、諸国が明に貢物を捧げる代わり、明は莫大な宝物を下賜する「朝貢貿易」の形式であった。このため、明にとっての経済的負担が大きかったのが、艦隊派遣停止の大きな理由といわれる。もし双方に利のある形で貿易が続けられていたら、航海技術はどう発展していたか、明の政治や経済はどうなっていたか、そして数十年後の西洋の大航海時代にはどのような影響を与えたか。実に興味深い「歴史のイフ（if）」だ。

コロンブスを悩ませた「偏角」

その後訪れたヨーロッパの大航海時代に、羅針盤がいかに大きな貢献をしたかは、改めてくだくだと述べるまでもないだろう。たとえばイギリスの哲学者フランシス・ベーコン（一五六一〜一六二六年）は、著書『ノヴム・オルガヌム』において、羅針盤をはじめとするルネサンス三大発明を以下のように評した。

「（それらの発明のもたらした物の大きさは）すなわち印刷術、火薬および航海用磁針において最も明瞭に示される。というのも、この三者は世界の事物の様相と状態とを変革したからだが、すなわち第一のものは文筆的なことがらにおいて、第二は戦争関係のことで、第三は航海に関することにおいて、そしてそこから、数限りない事物の変化が続いた。したがって、そうした機械的な発明が及ぼしたのに比べては、何か帝国とか宗派とか星座とかが、人間的な事がらに対して、より大きな効果および影響のごときを、及ぼしたとは見えないほどである」（フランシス・ベーコン著、桂寿一訳『ノヴム・オルガヌム』岩波文庫）

しかし、長距離の航海が可能になったことは、羅針盤の思わぬ弱点をも表面化させた。現代ではよく知られている通り、磁石は正確に北を指すわけではない。地方によっても異なるが、たとえば現代の東京では真北から約七度ほど西寄りを指す。この角度を「偏角」と呼んでいる。

フランシス・ベーコン

中国では、すでに八～九世紀ごろに偏角の存在が知られていたようだ。最初に偏角に関する論述を行なったのは、北宋時代の政治家にして学者であった沈括《しんかつ》（一〇三一～一〇九五年）で、その著書『夢渓筆談』において、磁北と真北のずれを指摘し、世界のどこでも航海に使えるコンパスについて記している。

この偏角のずれに悩まされたのが、かのクリストファー・コロンブスだ。アメリカ大陸に向けた航海の出発一〇日目ごろに、羅針盤が北西寄りへ偏っていくことに彼は気づいた。地点によって変わる偏角は、長い航海を経ると大きな誤差をもたらす。船の揺れや、周囲の鉄製品による影響もあるため、正確な偏角の測定も難しい。

磁石の示す北の方角は、時代によっても揺れ動いていくことが後に判明する。たとえば京都の二条城は、南北軸が東に約三度ほど偏っているが、これは建築当時（一六〇三年）の偏角が反映されたためといわれる。

伊能忠敬（一七四五〜一八一八年）は全国を測量して回り、一七年がかりで正確な日本地図を作成したことで知られる。実はこのころは、たまたま日本付近の偏角がほぼゼロであったため、誤差が出にくかった時代だった。彼の地図の驚くべき正確さは、丹念な測量が最も大きな要因だが、幸運に恵まれた結果でもあったのだ。

不朽の名著『磁石論』

ではなぜ偏角が存在し、時代とともに動いていくのか、そもそもなぜ磁石はほぼ南北を指すのか。こうした磁石の謎に正面から挑む男が現れたのは、一六世紀末のことであった。男の名を、ウィリアム・ギルバート（一五四四〜一六〇三年）という。

ギルバートは英国王の侍医を務めるほどの高名な医師であったが、その傍ら約二〇年にもわたって磁石の研究にいそしんだ。得られた多くの成果は、大著『磁石論』（一六〇〇年刊）にまとめられている。ここでは、弱い磁石は強い磁石で強化できること、遮蔽物によって隔てられていても磁力は伝わること、磁力が及ぶ範囲に限度があることなどが明らかにされている。磁石にまつわる多くの迷信も、間違いであることを立証してみせた。

　これらの結果は、現代から見ればどれも当たり前と映る。しかし、何となく経験からこういうことだろうと決め込むことと、実験によって疑いの余地なく立証を行なうことははっきり異なる。彼は、仮説を立てて実験によってそれを検証するという、近代的な科学的手法を確立することに大きく貢献したのだ。

『磁石論』における最大の成果は、この地球自体が巨大な磁石であることの証明だろう。それまで、磁石が南北を指すのは北極星に引きつけられているからだといった考えが信じられていたが、ギルバートは実験結果によってこれを否定した。

　地球が磁気を帯びる原因は、地球の内核で溶けた鉄などが自転の効果を受けながら熱対流することで電流を生じ、この電流が磁場を生成するためと考えられている。磁極が時代によって移動するのは、この液状の鉄がさまざまに揺れ動くことが原因と見られる。我々の足元の地球は硬い岩石の塊などではなく、ダイナミックに揺れ動いている——ギルバートによる磁石の研究は、こうした新しい地球観確

ウィリアム・ギルバート

立への礎となったのだ。

地磁気が生命を守った?

地磁気は我々が思うよりも活発に変動しており、南北が全くひっくり返ることさえ、地球の歴史の中で少なくとも数百回は起きている。今から一番近い時期に起きた地磁気逆転は、約七七万年前のものとされる。その痕跡が千葉県市原市の地層に残されていたため、約七七万年前から約一二万六〇〇〇年前の時代を「千葉時代」(チバニアン)と呼ぶことが提案されている。

地磁気は、生命にとっての守護神だとする考え方がある。地球は、太陽風や銀河宇宙線などのプラズマ粒子に絶えずさらされているが、地磁気はこれらの進路に影響を与え、はじき飛ばしてくれるのだ。これらははじき飛ばされた先の北極や南極で大気の分子に衝突し、光を放つ。これがオーロラの正体だ。

アラスカのオーロラ

地磁気がなければ、地球は常にプラズマ粒子の爆撃を受け続けることとなり、生命の活動に影響を及ぼすと考えられる。恐竜などいくつかの生物の絶滅の原因を、こうした地磁気の変化に求める学者もいるほどだ。

もっとも、この説には異論も多い。過去に起きた生物大絶滅の時期と、地磁気の逆転が起きた時期が、必ずしも一致しないためだ。先の約七七万年前の地磁気逆転も、人類は問題なく乗り切っている。逆転による何らかの影響はあるだろうが、毎回生命の大絶滅を引き起こすようなものではなさそうだ。

ただし、もしいま地磁気の逆転が起きたら、GPSや通信インフラなどに深刻な問題が出る可能性が指摘されている。オゾン層の変化による紫外線量の増加なども懸念されており、影響の全体像の予測は難しい。

一八四〇年以降の地磁気計測の結果、一〇〇年あたり五パーセントのペースで地磁気が減弱していることがわかっており、これが地磁気逆転の兆候ではないかとする人もいる。過去の地磁気逆転が二〇万年に一度程度の周期で起きているのに、前回の逆転からはすでに約七七万年を経過していることを考えれば、いつ逆転が起きてもおかしくない。今後の地磁気変化に、十分な注意を払う必要はありそうだ。

近代電磁気学の誕生

ギルバートは、電気を意味する「electricity」という単語を作った人物の一人としても知られる。その語源はギリシャ語の「琥珀」で、摩擦電気によって琥珀の表面に物体が吸い寄せられたことから来ている。

電気と磁気という、距離を超えて物体を引き寄せる二つの力は、この後も多くの科学者の興味を惹きつけずにおかなかった。電気と磁気の研究は、物理学分野における二本の大きな流れに成長していく。

一九世紀に入り、この両分野を統合する二人の天才がイギリスに出現する。ひとりがマイケル・ファラデー（一七九一～一八六七年）、もうひとりの名をジェームス・クラーク・マクスウェル（一八三一～一八七九年）という。大づかみに言ってしまえば、ファラデーは実験面から電気と磁気の密接な関係を示し、マクスウェルは理論面からの研究によって、これを数式として表すことに成功したといえるだろう。

これにより、電気を磁気に、あるいは磁気を電気に変換することが可能になった。現代では、前者を電磁石、後者を発電機と呼んでいる。ファラデーは自ら原始的な発電機を製作した他、電気を動力に変えることにも成功している。

ファラデーは多才な人物で、化学から物理にわたる広い分野で多くの業績を挙げた他、ガラスや実験器具の発明も行なっている。一般向けの講演の名手でもあったというから、今でいう科学コミュニケーターとしても一流であった。

ファラデーの才覚を表すエピソードとして、当時の財務大臣であったウィリアム・グラッドストンとの会話がよく知られている。ファラデーが電磁誘導の実験を実演したところ、グラッドストンは「磁気を使ってほんの一瞬電気を流したところで、それが一体何の役に立つのか」と質問した。これに対しファラデーは「二〇年もたてば、あなたがたは電気に税金をかけるようになるでしょう」と答えたというものだ。

この当意即妙な名回答は、今でも頻繁に引用される。多くは、「一見役に立たない研究でも、将来大いに価値を生み出すこともあるのだから簡単に切り捨てるべきではない」という文脈の中で用いられるようだ。しかし実のところ、この発言は当時の信頼できる文献には見当たらず、後世の作り話の可能性が高いともいわれる。

マイケル・ファラデー

ジェームス・C・マクスウェル

真偽の程はともかく、その後の電磁気学は、このファラデーの発言をはるかに超える進展を見せた。今や、電気に税金をかけられるどころの問題ではない。現代の電気製品は、全てファラデーとマクスウェルの業績の上に成り立っているのだ。

たとえばモーターは、永久磁石でコイルを挟んだ構造をしている。コイルに電気を流すと電磁石となり、両側の永久磁石との間で吸引力と反発力が生じるので、この力で回転を続ける。発電はこの逆で、外部からの力でコイルを回転させ、誘導電流を生じさせる。

原理がわかればさらに新しいアイディアが投入され、それらを組み合わせて新たな発明が生まれる。たとえば一台の自動車には、エンジンはもちろん、ワイパーやパワーウィンドウ、サイドミラー、ドアロック、コンプレッサー、ラジエーターなどなどあらゆる場所にモーターが用いられ、それぞれに適した磁石が組み込まれている。現代の文明は磁石文明であるといっても、全く大げさではないのだ。

記録媒体への応用

磁力の応用は、モーターや発電ばかりではない。たとえば、情報の記録にも欠かせない存在だ。

磁気記録媒体の登場は、古く一八八八年に遡る。米国の技術者オバリン・スミス（一八四〇〜一九二六年）が、針金に録音する方法を発表したのだ。ただし音質の問題などがあって、実用化にはなかなか結びつかなかった。

一九三五年にはドイツのＩＧファルベン社が、合成樹脂のテープに酸化鉄の磁性体を塗布した、高品質の録音テープを開発する。これこそが現在まで続く、テープレコーダーの元祖だ。戦後、録音テープのあまりの高音質に感動したビング・クロスビー（米国の歌手・俳優、「ホワイト・クリスマス」などで有名）は、自ら五万ドルをアンペックス社に投資して、テープレコーダーの開発を進めさせる。これはラジオ番組や音楽業界に革命をもたらし、これらが巨大産業へと発展する糸口となった。

磁気テープは長らく録音・録画媒体の王座に君臨するが、やがてコンピュータの時代がやってくると、その座をフロッピーディスクやハードディスクに譲り渡すことになる。テープと異なり、円盤は絡まりもせず高速でアクセス可能である点が決定的な長所だ。

これらの基本原理はみな同じで、塗布された磁性体を微細な区画に分け、それらを磁化する。このN極とS極の向きが、一ビットの情報となる。一九七〇年に初めて登場したフロッピーディスクの記録容量は八インチで八〇キロバイト（＝八万バイト）でしかなかったが、今やそれよりはるかにコンパクトなハードディスクに、数テラバイト（＝数兆バイト）の情報が詰め込まれるようになった。

これを可能にしたのが、巨大磁気抵抗効果や垂直磁気記録方式などのイノベーションだ。記録媒体が水のように安く、大量に使えるようになったことのメリットは計り知れない。現代のコンピュータ社会は、要するにこの目に見えないほど小さな磁石の集まりによって支えられているのだ。

強力磁石を求めて

こうした技術革新を支える、磁石自体の進歩も凄まじく、ここには我が国の研究者が大いに貢献している。以前も登場した「鉄の神様」こと本多光太郎によって当時世界最強の人工磁石

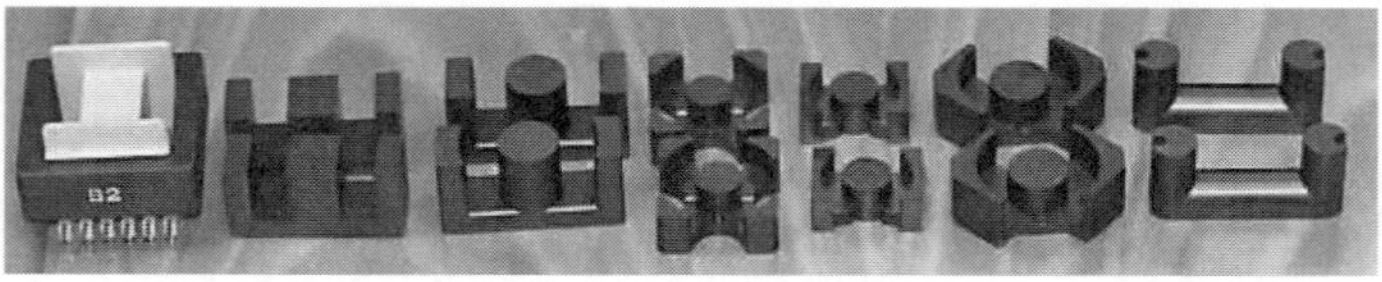

フェライト磁石

KS鋼が創られたのは、今からおよそ一〇〇年前の一九一六年のことだ。

一九三〇年には、加藤与五郎（一八七二～一九六七年）と武井武（一八九九～一九九二年）が自由に成形可能なフェライト磁石を開発した。このフェライト磁石は、酸化鉄を主原料として焼き固めたものであり、極めて安価だ。このため、モーターやコピー機、スピーカー、カセットテープなどに広く用いられている。冷蔵庫の扉やホワイトボードに貼る黒いマグネットもフェライトだから、我々が最もよく目にするタイプの磁石といえるだろう。

磁石といった場合、棒状か馬蹄形のものが頭に思い浮かぶが、これはかつての磁石が、この形でなければ磁力を保てなかったためだ。フェライト磁石は保磁力が強く、棒状にしなくても磁力を長期間保てるため、自由な成形が可能になった。フェライトこそは、磁石の用途を飛躍的に押し広げた一大発明であったのだ。

そのフェライト磁石は、実は狙って作られたものではない。武井博士がある日、測定装置のスイッチを切り忘れて帰宅したところ、翌朝試料が強い磁力を帯びていたことが発見されたのだ。いわゆるセレンディピティ（偶然による発見）の代表的事例であり、大発明にはこうした幸運が作用していることが多い。というより、こうした幸運を見逃さず捕まえることこそ、科学者の重要な資質ともいえる。

そして一九六〇年代から、希土類元素を加えた強力な磁石が登場する。歌人の俵万智の父・好夫は、松下電器産業や信越化学工業などで活躍した研究者で、サマリウムという元素を用いた強力な磁石を世に送り出した。ベストセラーとなった歌集『サラダ記念日』には、「ひところは「世界で一番強かった」父の磁石がうずくまる棚」という短歌が収められている。

ネオジム磁石

これを追い抜き、現在世界最強の座に君臨するのが、佐川眞人(一九四三年〜)が一九八二年に開発したネオジム磁石だ。その磁力は強烈で、ネオジム磁石に指先を挟まれ、粉砕骨折してしまった人がいるほどだ。小さなサイズでも十分な吸引力を示すため、ハードディスクや携帯電話などの小型化に大きく貢献している。ハイブリッド車など、日本の誇るハイテク製品にも欠かせず、原料となるレアメタルであるネオジムおよびジスプロシウムは、国際的な政治経済の焦点になっている。

こうして見てくると、近年の磁石に関するイノベーションの加速ぶりには改めて驚かされる。その進展は、他の多くの分野でのイノベーションの呼び水ともなり、それにつれて我々の生活も大きく変化した。

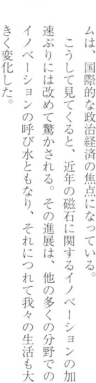

モーターや電気は腕力の何百倍もの力を発揮し、磁気記録媒体は人間の記憶力を途方もなく増幅させた。本来か弱い生物である人類は、材料の力を活用することで自らの能力を拡張し、ここまでの繁栄を築いてきたが、その意味で磁石ほど威力を発揮した材料はない。鉄を引きつける石の発見から数千年、人類が磁石と共に歩んだ旅路の長さを思う。

第10章 「軽い金属」の奇跡——アルミニウム

防御力と機動性の両立

鎧や甲冑の歴史は、何とも涙ぐましいまでの工夫の積み重ねの歴史だ。当初は青銅などの胸当てから始まるが、やがてチェインメイル（鎖帷子）やスケール・アーマー（うろこ状の金属を皮革の下地にびっしりと縫い込んだもの）など、少しでも軽く動きやすいようなものが開発される。しかし、ロングボウ（長弓）や銃など威力の高い新兵器が登場すると、これらに対抗するため全身を覆う頑丈な甲冑が作られ……という流れで、なかなか軽量で動きやすい防具は実現しなかった。

自らを「最後の騎士」と称した神聖ローマ帝国皇帝・マクシミリアン一世（一四五九〜一五一九年）は、自分専用の甲冑工場を建て、実用的かつ軽量化した鎧を作らせた。研究の結果、薄い鉄板を波形に加工することで強度を稼ぎ、その溝で剣や矢を受け流す甲冑が完成する。し

マクシミリアン１世

かし、ここまで手間ひまをかけたマクシミリアン式甲冑でさえ、総重量は三五キログラムもあったというから、並の体力では歩き回ることさえ困難であっただろう。

日本の鎧も同様に非常に重く、当時の小柄な日本人には負担の大きなものであった。今川義元は大鎧を着けた際に転倒し、一人では立ち上がれなかったといった話も伝わる。鎧は兵士にとって生命線でもあったが、下手をすれば生命を奪いかねないものでもあったのだ。

軽い木や布では防御力が足りず、硬い鉄や青銅では機動性に欠ける——数千年にわたって世界の武将や甲冑職人を悩ませたこの問題を、ごく簡単に解決する材料を、現代の我々は身近で使いこなしている。本章の主役である、アルミニウムがそれだ。

アルミニウムの比重は水の二・七〇倍と、鉄（七・八七倍）や銅（八・九四倍）の約三分の一という軽さだ。強度はこれらにやや劣るが、合金にすれば十分な硬さとなる。現代の鎧というべき機動隊の盾や防護服などにも、こうしたアルミニウム合金が用いられている（ただし近年は、第11章で触れる透明なポリカーボネート製品が増えている）。

そしてアルミニウムという元素は、地球上に普遍的に存在している。地表における存在度は酸素・ケイ素に次ぐ第三位（重量比で約七・五パーセント）で、鉄（約四・七パーセント）やカルシウム（約三・四パーセント）をはるかに上回る。長石や雲母など、ありふれた鉱物はアルミニウムを多量に含むから、地表に多いのも当然だ。

でありながら、このありふれた、そして優れた金属は、恐ろしく長い期間にわたって人類の前にその姿を現すことを拒み続けた。アルミニウムが初めて金属の形で取り出されたのは一八二五年のことだから、金属アルミニウムの歴史はわずか二〇〇年にも満たない。さらに量産法が確立し、広く用いられるようになったのは二〇世紀に入ってからのことだ。

アルミニウムの発見と工業化がかくも遅れた理由は、酸素との結びつきがあまりに強力であるためだ。今から二七億年ほど前、地球上にシアノバクテリアという細菌が出現し、空気中に大量の酸素をまき散らした。この時、鉄やアルミニウムなど酸化されやすい金属はすべて酸素と結びつき、酸化物となって堆積したのだ。以後、化学者によって長い眠りを覚まされるまで、アルミニウムは酸素と結びついたまま悠久の時を過ごした。

もっとも、やはり自然の懐は深く、アルミニウムが金属の状態で出土する場所もある。ロシアのカムチャツカ半島にある、トルバチク山はそうした珍しい場所のひとつだ。ここの地中では、酸素を含んだ外気から切り離された状態で、還元性の火山ガスが作用する極めて特殊な環境のため、金属状態のアルミニウムがわずかながら存在している。

こうした金属状態のアルミニウムが自然界に多量に見つかり、武器や防具に利用されていたなら、世界の戦術史、ひいては歴史の流れそのものが変わっていたことだろう。ゴムやプラスチックと並び、「あの時代にこれがあったなら――」と、想像の翼を広げてみたくなる材料のひとつだ。

アルミニウムの発見

では、アルミニウムはどのように発見されたのだろうか。最初にアルミニウムが取り出されたのは、ミョウバンからだった。ミョウバンは鉱物や温泉の「湯の花」から作られ、媒染剤や皮なめし剤として古くから使われてきた。

前述のようにアルミニウムは酸素原子と結合しやすく、最高で四つの酸素と結びつく。媒染剤として使われる時は、布地の酸素原子と染料の酸素原子をアルミニウムが橋渡しし、結びつけている。皮なめしの時は、皮のタンパク質に含まれる酸素原子同士をアルミニウムが結びつけ、丈夫で分解されにくい構造に変える。人類は、経験的にアルミニウムの機能に気づき、使いこなしていたわけだ。

しかし、アルミニウムと酸素を引きはがすのは容易なことではない。フランスの化学者アントワーヌ・ラヴォアジェ（一七四三～一七九四年）が、ミョウバンが未知の金属元素を含んでいる可能性を指摘したが、分離には至らなかった。さらに一八〇二年、イギリスの化学者ハンフリー・デーヴィー（一七七八～一八二九年）が、ミョウバンから新たな金属酸化物とみられるも

ハンス・C・エルステッド

ハンフリー・デーヴィー

アントワーヌ・ラヴォアジェ

のを見つけ出した。彼は、これをラテン語でミョウバンを意味する「alum」から「alumium」（アルミウム、アルミニウムではない）と名付ける。これはラテン語で「輝くもの」を意味する「a lumine」とも呼応する。

ラヴォアジェとデーヴィーという超大物化学者さえ攻略できなかったアルミニウムを、初めて分離することに成功したのは、デンマークの物理学者ハンス・クリスティアン・エルステッド（一七七七～一八五一年）であった。ただし彼の製法では分離したアルミニウムに水銀が残ってしまう上、ごく少量を製造するのがやっとであった。この後数十年にわたり、アルミニウムは現在のレアメタルどころではない、極めて貴重で高価な金属として君臨する。

アルミニウムを愛した皇帝

このアルミニウムを、こよなく愛した君主がいた。フランス皇帝ナポレオン三世（一八〇八～一八七三年）がその人だ。きっかけとなったのは、一八五五年のパリ万国博覧会であった。当時、貴重だったアルミニウムの延べ棒は「粘土からの銀」と銘打たれ、

ナポレオン3世

宝石をちりばめた王冠と並べて展示されていた。珍奇な金属は、万博の目玉として多くの来客の目に触れ、人々を驚かせたという。

これを見たナポレオン三世はアルミニウム研究を強く後押しし、パリ郊外に工場を建設させる。ここで製造されたアルミニウムで、ナポレオンは自分の衣服のボタン、扇、皇太子のための玩具などを製造させた。彼は最高の賓客をアルミニウム製の皿、スプーン、フォークで饗応し、それに次ぐ身分の者は金や銀の食器でもてなしたという。食器のあまりの軽さにとまどい驚く客を見て、得意満面の笑みを浮かべる皇帝の姿が目に見えるようだ。

もちろん、ナポレオン三世は単に人を驚かせるために、アルミニウム研究を推進したのではない。この軽くて丈夫な金属を軍備に応用すれば、騎兵の機動力も格段に上がり、列強との戦争に大いに有利に働くと見てのことであった。一国の指導者として炯眼《けいがん》というべきであったが、アルミ製の軍備は彼の在世中には実現せず、ナポレオン三世は一八七〇年に敵国プロイセンの捕虜となって帝位を降りている。

その後も、アルミニウムは相変わらず希少な金属であり続けた。一八八四年に竣工したワシントン記念塔は、米国の威信を示すため、その頂点の部分が二・七キログラムのアルミニウム製キャップで覆われた。ある歴史家によれば、このアルミニウム一オンス（約二八グラム）分だけで、この塔を建てた全労働者の一日分の給与をまかなえたという。ほんの百数十年ほど前のアルミニウムは、金やプラチナなど足元にも及ばぬほどの高価な「貴金属」であったのだ。

アルミニウムの科学

すでに述べている通り、アルミニウムは数多ある金属元素の中でも、ひときわ異彩を放つ存在だ。軽く丈夫かつ安定で、安価に量産可能な金属など、アルミニウムをおいて他にない。我々は見慣れているから何とも思わなくなっているが、その性質は奇跡の金属と呼ぶにふさわしいものだ。

アルミニウムが軽い理由は、要するに原子そのものが軽いことが最大の理由だ。アルミニウム原子の質量は、水素原子の約二七倍に相当する。鉄は約五六倍、銅は約六三倍、金は約一九七倍だから、アルミニウムがこれらよりずっと軽いこともうなずける。

アルミニウムより軽い金属としてはリチウム（比重〇・五三）、ナトリウム（同〇・九七）、カルシウム（同一・五五）などがあるが、これらはいずれも極めて酸化を受けやすい。錆びるどころの騒ぎではなく、水をかけただけで炎を上げて燃え上がるのだから、材料としては全く話にもならない。

さて、ここまで読み進めた読者の多くは、「先ほどからアルミニウムは非常に酸素と結びつきやすいという話が出ていたが、これはすなわち、アルミニウムも大変錆びやすいということなのではないか？」と疑問に思っているはずだ。しかし実際には、アルミニウム製品は錆びにくい。一見、これは大きな矛盾と見える。

実のところ、アルミニウムはナトリウムやカルシウムほどでないにしろ、空気中に出すとあっという間に錆びる。ただし、その錆がアルミニウム表面に緻密な皮膜を形成し、内部への酸化の進行を食い止めているのだ。この被膜は極めて薄いものであるため、外見にほとんど変化はない。これが「不動態」と呼ばれるもので、人類にとっては神からの素晴らしい贈り物であったという他ない。

しかもアルミニウムは切削加工しやすいという利点も備えている。熱伝導率や電気伝導度も高いから、電気製品へも広く利用されるし、延性・展性に富むから、薄く伸ばしてアルミ箔として使うにも向いている。見た目も銀白色で美しく、金属としての美点を一通り兼ね備えているといってもいいだろう。

ただしいくら素晴らしい性質があろうと、酸素と引き離すという難事を解決しない限り、アルミニウムは手の届かぬ崖の上に咲く美しい花に過ぎない。逆に言えば、それさえ解決できるなら、発明者は巨万の富を手にすることができる。かつての錬金術師たちは卑金属から黄金を生み出すことを目指したが、アルミニウムの量産はこれに匹敵する夢といえた。

青年たちが起こした奇跡

一八八〇年代、米国オハイオ州のオーバリン大学に、フランク・ジューエット（一八四四〜一九二六年）という教授がいた。彼は学生のやる気を引き出し、興味を持たせるため、アルミニウムの性質を詳しく語り、この金属を多量に製造する方法を編み出した者は大金持ちになれるだろうと説いた。これを聞いて、本気でアルミニウム精錬に挑むことを決意した学生がいた。彼の名を、チャールズ・マーティン・ホール（一八六三〜一九一四年）という。

それまで行なわれていた方法は、塩化アルミニウムに金属ナトリウムなどを作用させ、塩素を奪い取らせることで金属アルミニウムを作るというものだった。しかし、この方法に用いる金属ナトリウムの製造および反応には、大きな危険とコストが伴う。どうあがいても、大量生産は不可能であった。

チャールズ・マーティン・ホール

もうひとつの方法として、電気エネルギーによってアルミニウムを酸素から引きはがす手がある。中学の時に化学の授業で習った、塩化銅の電気分解を思い出していただこう。塩化銅を水に溶かし、二枚の電極を浸して電流を流すと、陽極に塩素が、陰極に銅が発生する。電気エネルギーにより、銅と塩素が引き離されたのだ。

銅ならこれでいいが、アルミニウムではそうは行かない。塩化アルミニウム水溶液を電気分解しても、陰極に金属アルミニウムはできず、代わりに水素が発生する。水に含まれる水素イオンが、アルミニウムの代わりに電子を受け取って水素になってしまうのだ。水素とアルミニウムの競争は常に水素の圧勝で、これを引っくり返す術はない。かといって、溶かして液体にせねば電気は流れない。

この時までに、アルミニウムを含むボーキサイトという鉱石から、ほぼ純粋な酸化アルミニウムを取り出す方法が確立されていた。そこで、この酸化アルミニウムを強熱して熔かし、この液体に電極を入れて電気を流すという力業が考えられた。これなら水素の邪魔が入ることなく、アルミニウムだけが得られるはずだ。

これは原理的には正しいが、実行するのは難しい。問題は、酸化アルミニウムの融点が二〇〇〇度以上と極めて高いことだ。この温度に耐える材料は少ないし、消費エネルギーとコストも膨大なものになる。

これを解決するため、ホールが失敗に次ぐ失敗の末に編み出した工夫は、アルミニウムを含んだ氷晶石という鉱物を用いることであった。これは一〇〇〇度程度の熱で熔けるので、ここに酸化アルミニウムを加えると、両者は混じり溶け合ってゆく。いわば水の代わりに、液化した氷晶石で酸化アルミニウムを溶かすわけだ。この液体を炭素電極で電気分解することで、金属アルミニウムが得られる。ホールは二三歳の若さで、偉大な先人の成し遂げられなかったアルミニウムの生産を、見事実現してのけたのだ。

しかしこのアイディアを思いついたのは、ホール一人ではなかった。大西洋を隔てたフランスで、化学者ポール・エルー（一八六三〜一九一四年）がほぼ同じ方法を、同じ一八八六年に発見したのだ。このアルミニウム精錬法は、彼らの名を讃えて「ホール＝エルー法」と命名され、現代でも基本的にこの手法でアルミニウムが生産されている。

このホールとエルーは、いずれも一八六三年に生まれ、一八八六年に二三歳でほぼ同じアルミニウム精錬法を見出して、共に一九一四年に五一歳で亡くなっている。遠く離れた国に生まれ、互いに面識もなかった二人だが、不思議な宿縁だ。

このように、科学の世界においては、同じような発見が全く違う場所でほぼ同時になされる偶然がよく起きる。アルミニウムに関する知識の蓄積、発電所の整備と普及による豊富な電力供給といった条件が揃ったことが、その背景にあるだろう。この時代にアルミニウム製造が可能になったことは、歴史の必然であったに違いない。

ホールは一八八八年に、この技術を活かして起業する。彼の興したアルコア社は急速に拡大し、当初は一日あたり五〇ポンド（約二・三キログラム）程度であったアルミニウム生産量は、わずか二〇年後に八万八〇〇〇ポンド（約四〇トン）へと成長した。価格もあっという間に下落

ポール・エルー

し、アルミニウムは急速に世界に普及していく。これにより、ホールは現在でいえば数百億円に相当する資産を得て、史上最も経済的に成功した化学者のひとりとなった。彼の師・ジューエット教授の予言は、見事に成就したわけだ。

天翔ける合金

こうして世に出たアルミニウムだったが、鋼鉄などに比べれば強度が低いという弱点は残った。そこでこれを補う研究が進められ、銅・マグネシウム・マンガンを少量添加することで大幅に強度が上げられることが判明する。ドイツのデュレナー金属工業がこの独占製造権を手に入れたため、この合金は「Dürener」と「aluminium」を合わせ「ジュラルミン」と命名された。

この発見の意義は大きく、冒頭で紹介した盾や防護服の他、現金輸送ケースなどにもジュラルミンが利用されている。また添加する金属の組成を変え、さらに強度を上げた超ジュラルミン、超々ジュラルミンなども開発された。

これらアルミニウム合金の応用として最も大きな意義があったのは、航空機の分野であっただろう。空を飛ぶためには軽量かつ丈夫なことが最優先されるから、アルミニウムの活躍の場としてこれ以上の場所はない。実際、ライト兄弟による最初の飛行機・ライトフライヤー号（一九〇三年）のエンジンにも、アルミニウムが用いられている。

この後、航空機の設計技術は急速に進歩した。一九一二年には時速二〇〇キロメートルもの速度が実現し、一九一四年から始まった第一次世界大戦では、早くも軍用機が活躍するまでになる。だが現代の感覚では少々信じがたいことに、一九三〇年代まで飛行機の機体は木と布で作られたものが主流であった。一九二七年に、チャールズ・リンドバーグ（一九〇二～一九七四年）が大西洋横断に初めて成功したスピリット・オブ・セントルイス号も、機体は合板、翼は木枠に布を張ったものであった。

全体が金属でできた航空機を初めて作り出したのは、ドイツのフーゴー・ユンカース（一八五九～一九三五年）であった。宮﨑駿監督のアニメーション映画「風立ちぬ」にも、彼をモデルとした人物が登場するから、その名をご記憶の方も多いだろう。

フーゴー・ユンカース

ユンカースは一九一五年に、初めて鋼鉄の機体を持った飛行機「J1」を飛ばすことに成功し、その性能を確かめた。そしてジュラルミンの噂を聞くや、これを用いた飛行機の製造にとりかかり、一九一九年に六人乗りのJ13を完成させた。この機体は燃費もよく、熱帯から寒冷地まで幅広く飛行可能であるなど、優れた性能を見せつけた。

彼は一九二三年の論文で、木材は火災や腐朽の問題があること、熱などでわずかでも変形すれば飛行性能に大きな影響が出ることを指摘し、金属製の機体ならばこれらの問題は無縁だと主張した。また、木材は長さや薄さなどに制限があり、強度も一定しない。しかし金属はどのような形にも成形可能で、全体を一定の強度に仕立てることができるとも述べた。まことにごもっとも、という他はない。

こうして実際の機体で優れた性能が示され、誰もがうなずかざるを得ない指摘が公になされたにもかかわらず、全金属製の飛行機はなかなか普及しなかった。金属製の機体が主流になるのは、ユンカースが初めてJ1を飛ばしてから二〇年後の、一九三〇年代半ばになってからのことになる。

かくも転換に時間がかかってしまったのは、人の命がかかっている飛行機の設計については、どうしても技術者も保守的になってしまうこと、また金属の機体が安全に空を飛ぶというイメージを、なかなか人々が持てなかったことに起因するようだ。新しいテクノロジーの優位性を知りながら、そちらに乗り換えることが存外に難しいというのは、現代の技術者も感じるところではないだろうか。

新材料がもたらす革命

以後、航空機にはジェットエンジンをはじめとするさまざまな技術革新がもたらされ、今や飛行機で旅をすることは当然の時代になった。アルミニウムはそこに大きく貢献し、たとえば

初飛行に成功したライトフライヤー号

ドイツ博物館のユンカース F13［初期は J13 と表記］

ボーイング 747-8F

ボーイング747型旅客機では、機体の八一パーセントがアルミニウム合金から成っている。低温に強いアルミニウムは宇宙開発にも欠かせず、ロケットの燃料タンクや国際宇宙ステーションなどにもアルミニウムがふんだんに使用されている。地上を走る車両に革命をもたらした材料がゴムなら、航空機の時代を呼んだ材料はアルミニウムであるといってよいだろう。

もちろんアルミニウムの用途は、そうした特殊な場所に限らない。身近な飲料缶から高層ビルまで、およそ目に入るものでアルミニウムを全く使っていないものを探すほうが難しいほどだ。わずか百数十年前、人類は軽く丈夫で錆びない金属などというものを、想像さえしたことがなかった。しかしいざアルミニウムが出現すると、あっという間に普及して、なかった時代のことが想像できないほどに生活に馴染んでしまった。それでいて我々は、新材料の恩恵に感謝することもなく、多くの場合気づきさえしない。すぐそこにあり、誰もが目にしていながら意識することのない革命——これこそが、新材料の力なのだろう。

第11章　変幻自在の万能材料——プラスチック

世界を席巻する材料

筆者の子供の頃、ジュースといえばスチール缶かガラス瓶と相場が決まっていた。自動販売機には栓抜きがついており、買ったジュースの王冠をここにひっかけ、こじって開けるのがちょっとした楽しみだった。今となっては懐かしい。

ガラス瓶が姿を消すターニングポイントになったのは、一九八二年の食品衛生法改正だ。これにより、ポリエチレンテレフタラート製の容器、すなわちペットボトルを清涼飲料水用に用いてよいと取り決められたのだ。

軽くて持ち運びが容易で、透明で中身も見えて、落としても割れない。何より、一度フタを開けても再び閉じられるのは画期的で、あっという間にガラス瓶を市場から追い払ってしまったのも当然と思える。さらに近年では、ペットボトルのデザインも個性的になり、他製品との差別化に大きな役割を果たしている。この成形の容易さも、ガラスにはまねのしにくい、プラスチックならではの利点だ。

プラスチックが取って代わったのは、もちろんジュースのボトルばかりではない。本格的なプラスチックの普及は戦後に入ってからのことだが、それまで木材や陶器やガラスで作られていた多くの製品が、ほとんどプラスチックに入れ替わった。紙袋や布袋も、薄く伸ばしたプラスチック——要はビニール袋に、その座を逐われた。

今や我々は、プラスチックの繊維で作った衣服を身にまとい、プラスチックの椅子に腰掛け、プラスチックの食器で飲食をし、プラスチックカードで料金を支払う。プラスチックの媒体に記録された映像をプラスチック製の画面に映して眺め、このため低下した視力をプラスチックのレンズで補って生活している。歴史上、人類は多くの材料を開発し使いこなしてきたが、プラスチックほど多くの材料の持ち場を奪ってしまった材料は、他にはないことだろう。

最強の理由

プラスチックの強力な「ポジション奪取力」の理由は、要するにその欠点の少なさ、変幻自在さに求められるだろう。プラスチックは軽く丈夫で、低コストで量産できる。透明にも、様々に着色することもできるし、どんな形にも容易に成形可能だ。

より軽くしたければ、発泡スチロールやウレタンフォームのように空気を含ませ、軽量性と保温性を持たせることもできる。丈夫さが必要なら、ポリカーボネートの出番だろう。その耐衝撃性は通常のガラスの二五〇倍以上とされ、過酷な条件にも耐える。このためCDや信号機、航空機材料などに広く用いられる。

戦闘機 F-22 のコクピットにもポリカーボネートが使用されている

　耐熱性の低さはプラスチックの大きな弱点だが、コストさえいとわぬならかなりの温度に耐えるものも用意できる。たとえばポリイミドと呼ばれるプラスチックは、四〇〇度近い高温や、絶対零度近くの極低温にも耐える。宇宙開発には欠かすことのできない材料だ。

　薬品への耐久性を求めるなら、テフロンがある。濃硫酸や強アルカリに漬けられても平然としているから、科学実験用器具にはうってつけだ。もっとも一般には、その摩擦係数の低さを活かした、焦げ付きにくいフライパンとしての用途が重要だろう。

　このようにプラスチックの強みは、その陣容の豊富さ、層の厚さにもある。純然たる人工材料であるだけに、設計次第で非常に多彩な性質をもたせることができるのだ。この発展力の高さは、木材や金属などの材料が、どう逆立ちしても及ばぬポイントだろう。あえて弱点を挙げるなら、日光などで劣化してしまうために長期の使用には耐えられないことくらいだが、ある意味でこれも現代の消費社会にマッチした特徴ともいえそうだ。

プラスチックを殺した皇帝

こうした、他の材料に取って代わってしまうプラスチックの実力に、最初に気づいた人物は誰だったのだろうか。それはもしかすると、第二代のローマ皇帝ティベリウスかもしれない。紀元前四二年に生まれて紀元三七年に亡くなった、イエス・キリストと同時代を生きた人物だ。二〇〇〇年も前にプラスチックがあるものかと思うが、彼に関して次のような逸話が残されているのだ。

ある時、皇帝ティベリウスのもとに一人の職人が訪れ、ガラスの杯を献上したいと述べた。皇帝がそれを手に取り鑑賞していると、職人は「杯をお返し下さい」と言った。職人は杯を受け取るや、いきなり床に叩きつけた。誰もが粉々に砕け散ると思ったが、驚いたことに杯にはひび一つ入らず、青銅の器のようにへこんだだけであった。職人は悠々と小槌を取り出し、内側から叩いてへこみを元に戻してみせた、という。

細部は異なるものの、複数の著述家がこの話を記録しているから、これは大筋で実話だったのだろう。かの博物学者プリニウス（二三〜七九年）は、この杯を「しなやかなガラス」と記述しており、職人の作った杯は我々の知るプラスチックに相当するものと見える。化学という学問の原型すら生まれていないこの時代に、職人はどうやってこの杯を作ったのか――残念ながら、これは永遠の謎となった。

ティベリウスは「この杯の作り方を知っているのは、そなたの他に誰がいるか」と尋ねた。職人が胸をそらし「私の他におりませぬ」と答えたところ、皇帝はその場で「この男の首を刎ねよ」と命じた。職人の首が床に落ちると同時に、「ローマのプラスチック」の製法は永遠に失われてしまったのだ。

ティベリウスが職人の首を打たせたのは、こんなものが出回っては、黄金をはじめとする宝物の価値が、大幅に下がってしまうという理由であった。ティベリウスは、ローマ帝政の創始者であるアウグストゥス帝の跡を継ぎ、安定した国家の建設に腐心した人物だ。そんな彼にしてみれば、せっかく確立した価値体系を乱しかねない新たな宝物の出現は、放置できぬ危険因子と見えたのだろう。

第2代ローマ皇帝ティベリウス

この後、ローマが数百年の命脈を保ったことを思えば、ティベリウスの決断は帝国のためには正しかったのかもしれない。しかしこの行為のために人類は、自在に変形・成形可能な透明の美しい材料を手にするまで、この後二千年近い歳月を待たねばならなかった。

ローマ以降のヨーロッパ文明の発展にも大きな影響を与えていたかもしれぬ新材料は、その発明者の生命を奪っただけに終わり、歴史の闇に消えた。

こうした話は、現代にももちろんあることだろう。巨大企業からは画期的なイノベーションが生まれないとは、よく指摘されることだ。それまで築き上げた流通網や関連企業とのしがらみ、社内他部署の抵抗などによって、素晴らしいイノベーションの種が日の目を見ずに終わった事例はずいぶん世の中にあるに違いないし、かつて製薬業界にいた筆者自身もそうしたケースをこの目で見てきた。

破壊的イノベーションとは、その種を発見することよりも、それを形あるものとして世に送り出すことの方が、あるいは難しいのかもしれない。既成秩序など何とも思わぬ、ある種の異常性を秘めたスティーヴ・ジョブズ（一九五五〜二〇一一年）のような人物でないと、なかなか成し得ぬことなのだろう。

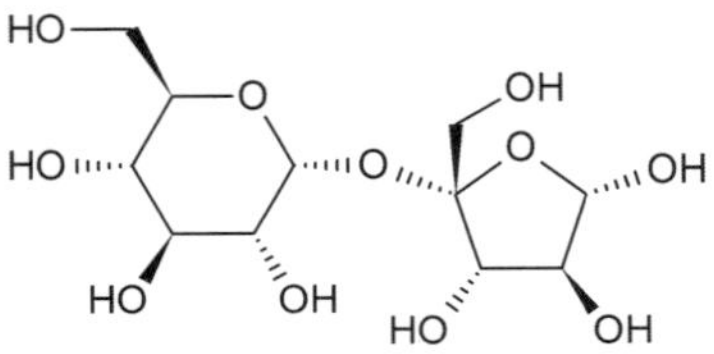

低分子の砂糖（スクロース）の構造図

プラスチックは巨大分子

ここまで、そもそもプラスチックとは何であるかを一言も書かずにきてしまった。英語の「plastic」は本来「可塑性のある、柔軟な」という意味の形容詞だ。これだけなら、粘土でも小麦粉を練ったものでも、何

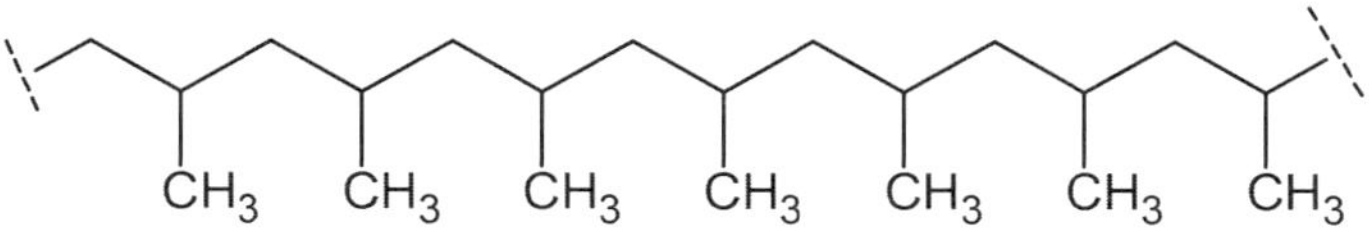

代表的な高分子、ポリプロピレンの構造

でもプラスチックに当てはまってしまうことになる。

現在の日本工業規格（ＪＩＳ）では、プラスチックは「高分子物質（合成樹脂が大部分である）を主原料として人工的に有用な形状に形作られた固体である。ただし、ゴム・塗料・接着剤などは除外される」とされている。この中で重要なのは、「高分子」というキーワードだ。

我々の身の回りにある物の多くは、原子がいくつか結合してできた「分子」が寄り集まってできている。たとえば水は酸素原子がひとつと水素原子がふたつ結びついた分子だし、砂糖は炭素一二個、水素二二個、酸素一一個の計四五原子が結合した分子でできている。このように、含まれる原子の数が数千個以下のものを「低分子」と呼んでいる。

これに対し、数千から数万以上の原子が結合してできた巨大分子が「高分子」だ。高分子は何も珍しいものではなく、本書で取り上げているセルロースや絹なども高分子の一種だ。また我々の体内にあるＤＮＡやタンパク質なども高分子の範疇に入るが、これらは「人工的に有用な形状に形作られ」たりはしないので、プラスチックとは呼ばない。

早い話が、原子を人工的にたくさんつなぎ合わせて使いやすく固めたものは、全てプラスチックということになる。プラスチックという言葉には、恐ろしく広い範囲の物質群が含まれるわけだ。たとえばナイロンやポリエステルなどのいわゆる合成繊維も、定義上プラスチックの範疇に含まれる。

実際、同じポリエチレンテレフタラート（ＰＥＴ）という高分子は、成形の仕方によってペットボトルにも、フリースやシャツなど衣類にも、磁気テープにもなる。プラスチックは変幻自在であり、見た目は全く別でも分子レベルでは同一のもの、ということはよくある。

巨大分子とはいっても、ただめちゃくちゃに無数の原子がつながっているわけではない。多くのプラスチックは、基本となる単位分子（モノマー）が多数つながってできた繰り返し構造だ。たとえば先ほどから出ているＰＥＴは、エチレンとテレフタル酸という単位分子が交互に並び、たくさんつながったものだ。

プラスチックの名称には、「ポリエチレン」「ポリスチレン」のように頭に「ポリ」（poly-）がつくものが多いが、これはギリシャ語で「多い」という意味を表す。ポリエチレンやポリスチレンは、それぞれエチレンやスチレンという単位がたくさんつながっていることを示すわけだ。

しかし巨大な分子ということは、化学者にとって扱いが難しいということでもある。なぜ難しいかといえば、巨大分子は液体になかなか溶けてくれないのだ。化学者は、混ざり物の中から一種類の物質だけを取り出し、生成したものに化学反応を行ない、これを分析して、狙い通りのものができたかどうかを確かめる。これら一連の過程は、いずれも溶媒に溶かし、液体状

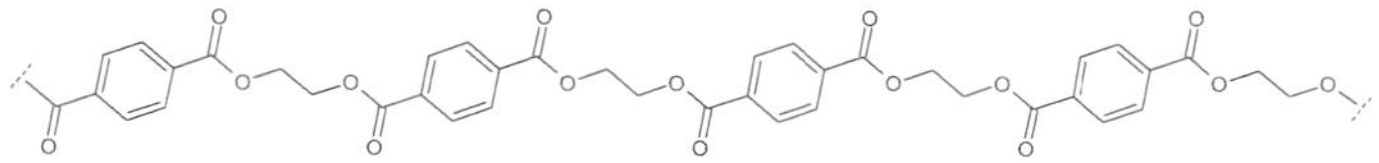

同じパーツのくり返しでできているPETの構造図

態にして行なうことが普通だ。溶けにくい高分子は、このいずれもが難しくなる。作ることもしにくければ、正体を解き明かすことも難しいのだから、研究者としてはなかなか始末に負えない代物だ。

もうひとつ、高分子はたくさんのパーツがつながったものだが、その数は一定しない。パーツが一〇〇〇個結合したところで止めるといったことは難しく、サイズの揃った高分子の合成は現在でも先端的な研究テーマになっているほどだ。このため、高分子はいろいろのサイズの混ざりものとして扱うしかなく、これはそれまでの化学の苦手とするところであった。

実際、実験中に偶然多数の分子がつながり合って高分子ができることがあるが、多くは真っ黒の洗っても取れないネバネバしたもので、厄介なものができたと舌打ちしながら捨てることになる。高分子を研究対象にしようという化学者が少なかったのも、まず無理はないと思える。

こうしたことから、高分子の化学の進展は低分子に比べて大幅に遅れた。本格的な化学工業は一九世紀半ばから進展するが、プラスチックや合成繊維の本格的な普及がそれよりも一世紀近く遅れたのは、これが大きな要因だ。

セレンディピティから生まれたプラスチック

そんなプラスチックがどのように作り出されてきたか、順を追ってみてみよう。よくプラスチックのことを「合成樹脂」と呼ぶように、樹脂（松ヤニなど、木の樹液を乾燥させて得られる固体）は人類が最初に利用したプラスチック様化合物であった。といっても用途は接着剤や滑り止めなど、限られたものでしかなかった。

漆も、こうした樹脂の一例に当たる。ウルシノキから得られる樹液を、木材などの表面に塗って乾かすと、含まれるウルシオールという成分が、酵素および酸素のはたらきによって互いにつながり合い、高分子となる。いわば漆器は、プラスチックの遠い祖先に当たるといえよう。

人工的なプラスチックが生まれるのは、時代もだいぶ下った一九世紀後半になってからのことだ。プラスチック第一号の発見のきっかけを作ったのは、スイスの化学者クリスチアン・シェーンバイン（一七九九〜一八六八年）だ。一八四五年、彼が家の台所で実験を行なっていたところ、硝酸と硫酸を床にこぼしてしまった。家での実験は妻に禁止されていたため、彼はあわてて妻のエプロンで床を拭き、それをストーブの上に吊るして乾かそうとした。とその瞬間、エプロンは炎を上げ、一瞬にして燃え尽きたのだ。

これはエプロンの成分であるセルロースが硫酸の作用で硝酸と化合し、ニトロセルロースができたためであった。この化合物はよく燃えるため、後に「綿火薬」として戦場で活躍することになる。

このニトロセルロースに、二〇パーセントほどの樟脳を混ぜると硬化することが発見されたのは、一八五六年のことであった。ジョン・ハイアット（一八三七〜一九二〇年）はその簡便な製法を工夫して実用化し、「セルロイド」と名付けて売り出した。

自由に成形可能でありながら硬く丈夫という、それまでにない性質を持ったセルロイドは、メガネフレーム、入れ歯、ピアノの鍵盤、刃物のグリップなどに広く用いられ、爆発的な売れ行きを示した。これら商品の多くはそれまで象牙で作られていたから、ハイアットは象にとっては大恩人ということになるだろう。

クリスチアン・シェーンバイン

ジョン・ハイアット

一八八九年には、イーストマン・コダック社がセルロイド製の映画フィルムを開発し、一九五〇年代ころまで広く使用された。セルロイドは、二〇世紀の文化の重要な担い手ともなったのだ。

ただしセルロイドの弱点は、前述のように極めて燃えやすいことであった。セルロイド製のビリヤード球がぶつかり合った瞬間に衝撃で爆発が起き、銃声と勘違いした男たちが撃ち合いを始めたという真偽不明の逸話さえ残っている。その他、映画のフィルムも映写機や照明の熱で発火しやすいために何度も火災の原因となり、多くの人命を奪っている。

このためセルロイドは製造・貯蔵に厳しい規制がかけられ、より扱いやすいプラスチックが出現した現在では、見かける機会が少なくなった。今やセルロイドはほとんどお役御免となっているが、材料の歴史において果たした役割は極めて大きかったといえる。

悲劇の天才たち

このあと一九〇七年には、アメリカの化学者レオ・ベークランド（一八六三〜一九四四年）が、フェノールとホルマリンを混ぜることで硬い固体を作り出せることを見出し、「ベークライト」と名付けて売り出した。これは完全な人工合成プラスチックの第一号といわれ、今も電気製品の絶縁体として用いられている。

こうした状況を受け、学問的な面からの理解もようやく進み始めた。一九二〇年には、ドイツのヘルマン・シュタウディンガー（一八八一〜一九六五年）によって、巨大な分子、すなわち高分子の概念が提出された。しかし、当時は原子数が数十から数百程度の低分子しか知られていなかったから、彼のアイディアはあまりに突飛と受け取られた。中には「親愛なる友へ。大きな分子などという考えは捨てたまえ。巨大分子などというものは存在するわけがない」と、わざわざ手紙で「忠告」する同僚さえいたほどだ。また、平和主義者であったシュタウディンガーがナチ政権から迫害を受けたことも影響して、巨大分子説はなかなか広く認められるには至らなかった。

この説を実験の面から証明しようと考えたのが、アメリカの化学者ウォレス・カロザース（一八九六〜一九三七年）であった。彼はもともとハーバード大学に籍を置く研究者であったが、その才能を見込まれて一九二八年にデュポン社に引き抜かれ、企業の利益に直接結びつかない基礎研究を行なう部門を統括することとなった。ここでカロザースは、高分子の合成を試みることにしたのだ。

ヘルマン・シュタウディンガー

ウォレス・カロザース

彼の考えた方法はこうだ。Aという原子団とBという原子団は、反応させると互いに結合してABとなる。電車の連結器のようなものだ。では、分子の両端に連結器となる原子団を取りつけたもの、すなわちA-AとB-Bを混ぜ合わせれば、-AB-BA-AB-BA-……と、長い編成の列車のように、どこまでも細長くつながった分子ができるのではないか、というものだ。
こうして一九三四年までに、いくつかの高分子らしきものが作られ、基礎的研究は進んだものの、製品に結びつきそうなものはなかった。たとえば、「連結器」としてアミンという原子団と、カルボン酸という原子団を用いる実験は比較的簡単で、筆者も中学校の時に化学クラブの活動の一環で試してみたことがある。しかしできたのはとろろ昆布のようなボソボソした物体で、何かの役に立ちそうなものにはとうてい見えなかった。

ところがある日、カロザースの部下の一人が、この塊を棒につけて引っ張ってみたところ、長く伸ばせることに気づいた。彼らはカロザースが留守の日に、どこまで長く伸ばせるか試そうと、部屋中を走り回りながら引っ張ってみたところ、絹糸に似た丈夫な繊維ができていた。これが合成繊維第一号である、ナイロンの誕生であった。

カロザースが合成した高分子は、アジピン酸とヘキサメチレンジアミンという二種類の分子が交互に連結し、長い鎖のようになっていた。しかし合成直後の分子はただスパゲティのように絡まり合っており、その真価を発揮できない状態にある。しかしこの鎖を引っ張ると、多数の分子が一方向に揃えられ、互いに引きつけあってまとまりのよい束になる。これが、「とろろ昆布」が丈夫な繊維に化ける秘密だ。

このように高分子の性質は、分子個々の構造というより、分子同士がどう寄り集まるかが大きく影響することが多い。高分子を長く引っ張る手法は「冷延伸法」というもっともらしい名前がつけられ、丈夫な繊維を作る手法のひとつとして定着しているが、もとは一人の研究者のお遊びであったわけだ。

ナイロン製のストッキングは一九四〇年にアメリカで発売され、「石炭と空気と水からつくられ、クモの糸より細く絹よりも美しく、鋼鉄よりも強い繊維」のキャッチフレーズで大きな評判を呼んだ。最初から製品化を目指した研究ではなく、純粋に学術的な研究からこうした成果が生まれたことは興味深い。

しかし、この歴史的な成果を挙げたカロザースは、強度のうつ病に悩まされ、ナイロンの製品化を見ることなく一九三七年に四一歳の若さで自ら命を断っている。生きていればさらに優れた高分子を生み出していたかもしれないし、一九五三年のノーベル化学賞を前出のシュタウディンガーと分け合っていた可能性も十分にある。科学史に残る天才の、あまりに惜しすぎる死であった。

王者ポリエチレンの誕生

プラスチックの種類は多様だと書いたが、ポリエチレンはその王者といえる存在だ。いわゆるポリバケツやポリ袋など、身近で使われるプラスチック製品の多くがポリエチレンでできている。生産量でいえば全プラスチックの約四分の一を占めており、今後もその地位が揺らぐことはしばらくないだろう。

このポリエチレンも、発見には偶然が関わっている。カロザースがナイロン研究に取り組んでいたのと同時期の一九三三年、イギリスのインペリアルケミカル工業（ＩＣＩ）社において、エチレンガスをベンズアルデヒドという物質と反応させる実験が行われていた。異変が発生したのは、一四〇〇気圧、一七〇度という高温高圧をかけたある日の実験後のことだ。反応容器を開けてみると、内部が白いワックス状のもので覆われていたのだ。

やがてこれは、エチレン同士がたくさんつながり合った物質、すなわちポリエチレンであることが判明する。では狙ってこれを作るにはどうすればいいのか。これを作ろうとする実験の際、偶然の女神は再び彼らに微笑んだ。装置内にエチレンを注ぎ足す際、微量の酸素が一緒に入りこんだのだ。この酸素は、エチレン同士が連鎖的に次々とつながり合う反応を起こすスイッチ、すなわち「触媒」として働く。純粋なエチレンだけでは、何も起きなかったはずだ。

こうしてポリエチレンの製法が確立され、生産プラントが動き出したのは一九三九年、すなわち第二次世界大戦の始まった年だ。このタイミングは、世界の歴史にとって決定的に重要であった。ポリエチレンは、レーダーの設計に革命を起こしたのだ。

この時期、レーダーの開発に各国がしのぎを削っていたが、艦船や航空機への搭載はまだ不可能であった。しかし、軽量かつ電気絶縁性に優れたポリエチレンの登場により、アンテナなどの部品デザインの自由度が一挙に増したのだ。

一九四一年には、英軍はレーダーを搭載した夜間戦闘機を開発し、ドイツ軍の夜襲を封じた。また、第一次世界大戦の時代から、ドイツ軍に数々の戦果をもたらしてきた潜水艦「Uボート」も、レーダー出現後は、これを搭載した英軍航空機によって次々と撃沈されてゆく。イギリスはレーダー技術を友邦アメリカにも供与し、これが太平洋戦争の戦局を変える大きな要因ともなった。ポリエチレンの出現は、日本にとって、また世界にとって実に運命的であったとしかいいようがない。

実はポリエチレンの発見は、これ以前にもなされていた。古く一八九八年には、ドイツのハンス・フォン＝ペヒマン（一八五〇～一九〇二年）が、ジアゾメタンという化合物を作る際に偶然白いワックス状物質ができたことを観察し、これを「ポリメチレン」と名付けている。しかし当時の技術では取り扱いが難しかったのか、これ以上の進展はなかったようだ。

英軍の夜間戦闘機モスキート

また一九三〇年には、米国のカール・マーベル（一八九四～一九八八年）の研究室で、エチレンガスを使った実験が行なわれた際に、やはり副産物としてポリエチレンができていた。残念ながら彼らはこれをあっさりと捨ててしまい、世紀の大発見を逸している。後に彼らは「あのワックスが何かの役に立つなど思いもしなかった」と語っている。もしＩＣＩ社の研究陣が、マーベル同様にポリエチレンの価値に気づくことなく捨ててしまっていたら、果たして世界はどうなっていただろうか。

述べてきた通り、プラスチックの歴史は偶然の発見の連続だ。この後、各種プラスチックの生産性と質を飛躍的に高めたチーグラー・ナッタ触媒の発見も偶然が大きく作用していたし、テ

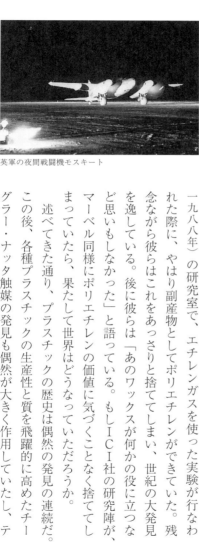

フロンやポリカーボネートなども幸運の賜物といえる。

プラスチックの未来

プラスチックは、それまで自然界になかった物質であるため、その発見や改良には既存の方法論が通用しなかった。まぐれ当たりに恵まれながらの前進であったのは、未開の荒野で紆余曲折を積み重ねて道を切り拓いてきた苦闘の証しだろう。

しかし現在では、多くのノウハウが積み重なり、様々な機能を持たせたプラスチックを設計できる段階に入っている。白川英樹（一九三六年〜）らの開発した導電性プラスチックなどは、中でも大きなマイルストーンであった。現代では、発光や発電といった機能を持つプラスチックさえ登場しつつあり、今後我々の暮らしを支える存在となっていくだろう。豊富にある石油などの原料から作られ、汎用性も高く、優れた機能も持たせうるプラスチックは、現代の材料の基礎にして花形、そして前衛でもある。

ただし、純然たる人工材料であるプラスチックには、相応の問題点もある。各種の天然材料と異なり、細菌や酵素の作用によって分解され、完全に自然に還ることがない点だ。

近年、数ミリメートル以下のプラスチックの小片（いわゆるマイクロプラスチック）が、海洋に流出することが問題になってきている。我々が使い捨てた各種プラスチック製品が、紫外線によってもろくなって細かく砕け、多量に海洋を漂っているのだ。魚などの海洋生物がこれを食べ、それをまた人間が食べているという実態がある。プラスチックは有機物を吸着しやすいため、各種の毒性物質を濃縮してしまう可能性があるのも気がかりだ。

今のところ、人類や海洋生物に対し、マイクロプラスチックが大きな実害を与えているという証拠はない。ただし、何しろプラスチックは使用量が多く、世界の人口増を考えれば今後もその量は増え続けると考えられる。そして、あまりに細かなマイクロプラスチックは、海洋から回収除去することも事実上不可能だ。このままの状況が続けば、二〇五〇年頃には海洋のマイクロプラスチックの総重量が、世界の魚の総重量を超えてしまうとの試算さえなされている。

こうした状況から、予想外の悪影響を未然に防ぐため、世界各国で使い捨てプラスチックを減らす試みが始まっている。EUでは、使い捨てのストローやフォークなどの使用を禁止し、飲料用ボトルの九〇パーセントを回収するよう義務付けることが提案された。軽く薄いためにマイクロ化しやすいレジ袋は、すでにフランスやイタリアなどで使用禁止となっている。

何も害が出ていないのにあたふた騒ぐこともないのではないか――との見方もあろうが、経済発展や便利さを犠牲にすることなく、こうした環境汚染予防の取り組みを進めてゆくことは、決して不可能ではないはずだ。我々はすでに、多くの材料との付き合いの中で、さまざまな公害や環境汚染を経験し、克服してきた。そろそろ害を未然に防ぐ知恵も、身につけてよいころだろう。

第12章　無機世界の旗頭——シリコン

コンピュータ文明の到来

筆者の子供のころ、コンピュータはまだ生活に縁の遠い存在であった。パソコンも家庭用ゲーム機もまだなく、コンピュータはどこか巨大企業や研究機関で使われている巨大な機械というイメージでしかなかった。

しかし二〇一四年生まれの筆者の娘は、言葉を覚えるよりも先にスマートフォンのロックを解除し、アプリを立ち上げて遊ぶ方法を覚えてしまった。たった一世代の間に、コンピュータは深く生活の中に入り込み、ごく当たり前の、そして必要不可欠なものになった。

かくも高性能なコンピュータが広く使われるようになった理由を物質の面から突き詰めれば、要するにシリコンの製造技術の高度化ということに行き着く。この数十年に訪れた社会の急激な変化も、多くはコンピュータの進化に由来するといえる。だとすれば、シリコンこそが現代社会を代表する材料であることに、異を唱える者はないだろう。

現在のコンピュータはあらゆる用途をこなすようになっているが、コンピュータとはもともと「計算機」の意味だ。人の手には余る複雑な計算を、自在に行なう機械が欲しい――この欲求こそが、現在のコンピュータ文明を築き上げた。その試みは、思ったよりはるか昔から始まっている。

古代ギリシャのコンピュータ

ギリシャのペロポネソス半島とクレタ島の間に、アンティキティラ島という小さな島が浮かんでいる。現在は数十人が住むに過ぎない小島だが、今から二〇〇〇年以上前には海賊の根拠地として、多くの荒くれ者たちが住んでいたと考えられている。

一九〇一年、この島の沖合で一艘の沈没船が引き上げられた。長らく詳しい調査もなされなかったその積み荷に、驚くべき代物が眠っていることが明らかになったのは、一九五一年のことであった。紀元前一五〇年から前一〇〇年ごろの間に作られたこの機械は、現代の科学者たちを困惑させるほどの、途方もない精密さを備えていたのだ。

調査が進むにつれ、驚くべきことはさらに増えていった。この機械は少なくとも三〇以上の歯車が組み合わさって、太陽や月の動きを完璧に再現していた。日食・月食の予定日や、古代オリンピックの開催年を割り出せたともいうから、これはもうアナログコンピュータと呼んで差し支えのないレベルだ。この後一〇〇〇年間は、これほど精巧な機械は世界のどこにも出現しておらず、調査に当たった研究者に「希少性からいってモナ・リザよりも価値が高い」と言わしめている。

誰が何のためにこの機械を作り、なぜ船に載せられていたのかなどはまだ全くわからず、アンティキティラ島の機械に関する研究はなお続いている。いったいどういう人物がかくも凄まじい代物を作り上げてしまったのか、なんとも興味は尽きない。

アンティキティラ島の機械

職人タイプの人間というものは、ひとつの世界をシミュレートし、包み込んでしまえるような何かを、自分の手でこしらえてみたいという衝動を持っているように思う。こうした腕利きの職人が、優れた天文学者と出会って互いに触発しあった結果、実際の必要性を遥かに超えるほどの途方もないマシンが出来上がってしまったのではなかろうか。

計算マシンの夢

もちろん、多量の計算を正確にこなす需要は高いから、これ以外にも「コンピュータ」は各時代で作られてきた。

そろばんや算木、計算尺といった比較的単純な機構のものも広く使われたし、ブレーズ・パスカル（一六二三～一六六二年）やゴットフリート・ヴィルヘルム・ライプニッツ（一六四六～一七一六年）といった著名な数学者も、歯車式の計算機械を考案している。

現在のコンピュータにつながる計算機の開発に取り組んだのは、イギリスのチャールズ・バベッジ（一七九一～一八七一年）であった。当時、船の航路の決定には「対数」と呼ばれる数値が用いられていたが、これをまとめた対数表は間違いだらけであり、このために船の遭難さえ起きていた。そこで一八一二年、当時二一歳のバベッジは、この対数を機械で正確に計算できないかと考えたのだ。

「階差機関」と名付けられた彼のマシンはあまりに複雑であったことに加え、何度も設計が変更されたことなどもあり、すぐに資金が不足した。二〇年にわたる努力が続けられたものの、結局バベッジは階差機関の完成を諦めざるを得なかった。

一九九一年、バベッジの生誕二〇〇年を記念し、彼の生前には完成しなかった階差機関を復元するプロジェクトが行なわれた。完成したのは、幅三・四メートル、高さは二・一メートル、四〇〇〇個の部品から成る巨大なマシンであった。試運転の結果、一五桁の数の計算を正確にこなしたというから、バベッジの設計は正しかったわけだ。

人類の歴史上、初めての電子計算機が作り出されたのは一九四五年のことであった。記念すべき最初のコンピュータの名は「ＥＮＩＡＣ」という。時期から推測されるように、砲弾の弾道計算など第二次世界大戦への活用を目指したものであった。残念ながらというべきか幸いなことにというべきか、その完成は終戦後のことであった。

ＥＮＩＡＣは一万八〇〇〇本近い真空管、七万個の抵抗器、一万個のコンデンサなどから成り、幅約三〇メートル、高さ二・四メートル、奥行〇・九メートル、総重量約二七トンという怪物であった。画期的であったのは、プログラムによって広範囲の問題を解けるよう設計されていたことで、現代のコンピュータの祖とされるのもここに理由がある。

アメリカ陸軍の資金提供によって開発されたENIAC

このマシンは見事なものではあったが、結局あまりに巨大かつ高コストに過ぎ、極めて特殊な用途にしか用い得なかった。こうした計算機械が、我々の生活にまで影響を与えるようなものに成長するためには、ある材料との出会いが必要であった。その材料こそ、本章の主役であるシリコン（ケイ素）に他ならない。

なおシリコンは元素のひとつである「ケイ素」の英語名だが、日本では元素を指す時に「ケイ素」、半導体材料としては「シリコン」の語を使うことが多い。本稿では両者を適宜使い分ける。

運命を分けた兄弟元素

周期表というものは、化学者にとって単なる元素の一覧表ではない。眺めるだけでいろいろなことを考えさせてくれる、限りないアイディアの泉のような存在だ。先にも述べた通り、金・銀・銅が周期表で縦に並んでいる(=化学的性質が似ている)ことに気づくだけで、オリンピックのメダルも人類の経済活動も、何やら違った姿に見えてくる。

筆者がいつも不思議に思うのは、炭素とケイ素の並びだ。この二つは周期表で上下に接する、いわば兄弟元素だ。結合の腕を四本持っており、ケイ素の結晶はダイヤモンドと全く同じ構造であるなど、両者にはいろいろ共通点が多い。ところが両者の在処や働き場所は、まるで違っている。

拙著『炭素文明論』(新潮選書)で書いた通り、炭素は生命の世界における最重要元素だ。人体を形作るタンパク質もDNAも、みな炭素が中心となってできている。この地球の地殻及び海洋部分、すなわち我々が目にする世界のうち、炭素は重量比でわずか〇・〇八パーセントを占めるに過ぎない。しかし我々の体重の二割近くは、炭素で構成されている。炭素こそは、生命にとって何より必要欠くべからざる元素なのだ。

では、炭素とよく似たケイ素も、生命を形作る柱となりうるのではないか——とは誰もが思うところだ。このため古典的なSFでは、ケイ素生物が様々な形で描かれている。しかし実際には、ケイ素は驚くほど生命世界に縁が薄い。珪藻などのプランクトンや、イネ科の植物などごく一部に例外がみられるものの、生物界にほとんどケイ素は登場しない。ケイ素は極めて豊富で入手容易であるにもかかわらず、どういうわけか多くの生物はこの元素を爪弾《つまはじ》きにしているのだ。

　ではケイ素はどこにあるかといえば、多くは岩石として存在している。そこらじゅうに転がっている石や岩は、ケイ素と酸素及び各種の金属元素が密な網目状に結びつき、強固な塊となったものだ。

　このため我々が目にする世界を元素別に分けると、重量比で約半分が酸素、約四分の一がケイ素で占められている。先に述べた通り、炭素化合物（及びそれを基礎とした生命）の存在量は、ケイ素化合物に比べれば爪の先ほどもない。もし宇宙人が地球にやってきたら、生命の存在は等閑視して、単にケイ酸塩の塊を水が覆った惑星として認識するのかもしれない。

　さらにいえば、炭素とケイ素の兄弟は、互いに手を取り合い、結びつくことすらない。炭化ケイ素という鉱物がごくわずか隕石などから見つかっているが、それ以外には炭素とケイ素が結合した化合物が、

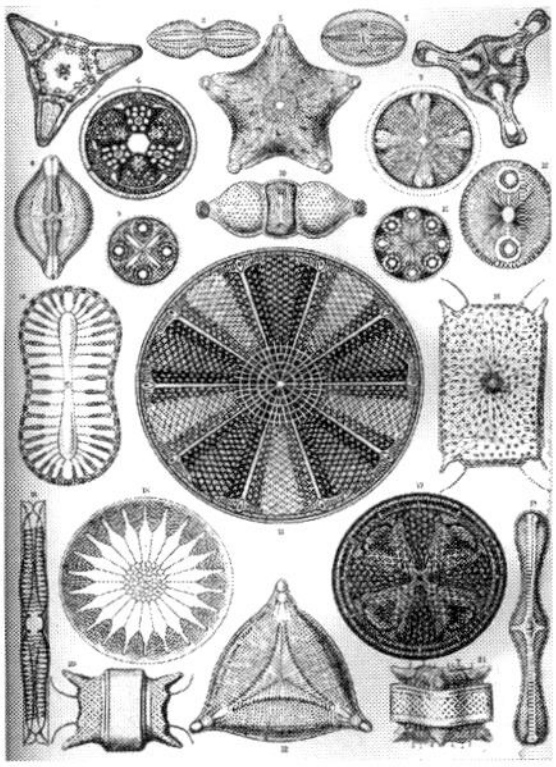
珪藻のスケッチ

自然界にはどうも見当たらないのだ。

炭素とケイ素は決してくっつけられないわけではなく、人工的に両者を結合させることはできる。台所用品や医療材料などとして用いられる、シリコーンゴムがその例だ。ご存知の通りシリコーンゴムは柔軟で耐久性が高く、熱にも強い。こうした優れた材料を生み出しうる炭素—ケイ素結合が自然界に存在しないのは、どうも不可解なことに思える。

（余談ながら、シリコーンゴムはよく「シリコンゴム」と表記されるが、厳密にはこれは誤りだ。シリコーンはケイ素と酸素を骨格として含んだ一群の化合物を指し、英語では silicone と綴る。「ケイ素」を意味する silicon とは別の言葉だ。）

ともあれ、本来仲のよい兄弟元素である炭素とケイ素は、一方が生命世界のリーダーとなり、もう一方は無機世界の旗頭に座った。今に至るまで、自然界において両者は決して交わることなく、まるで別々の道を歩んでいる。何だかまるでギリシャ神話のような、壮大な愛憎ストーリーを感じてしまうのは筆者だけであろうか。

ケイ素の履歴書

ケイ素は、生命の構成要素としては活躍の場が少ないものの、材料としては人類が何よりお世話になってきた元素でもある。石はもちろん、以前に取り上げた陶磁器も、ケイ素が基本骨格を成している。またガラスも、ケイ素と酸素が一：二の割合で結びつき、ランダムなネットワークとなったものだ。

これほどまでに身近で大量にある元素でありながら、ケイ素の発見はずいぶん遅れた。ケイ素は、一八二三年にスウェーデンのイェンス・ベルセリウス（一七七九～一八四八年）によって初めて純粋に分離されたといわれる。これは、ロジウムやパラジウム、オスミウムといった存在量の非常に少ない元素よりも、遥かに後のことだ。

かくも発見が遅れたのは、第10章で述べたアルミニウムのケースと同じで、ケイ素と酸素との相性が良すぎ、互いに強力に結びついているためだ。上に挙げた岩石やガラスは、いずれもケイ素と酸素が交互に結びついたネットワーク状の構造であり、両者は非常に引き離しにくい。このためケイ素の純粋な分離は、多くの技術や考え方の進歩を必要とする難事業であった。

精製されたケイ素

純粋なケイ素は銀色の光沢を放つ固体で、一見すると金属に見える。だが、各種の性質は金属とは異なる部分も多いため、ケイ素は「半金属」に分類される。たとえばケイ素は、電気を通す性質を持った金属と、電気を通さない非金属の中間、いわゆる半導体としての性質を持つ。ケイ素が現代産業における花形の座を占めている大きな理由は、このどっちつかずの性質にあるのだ。

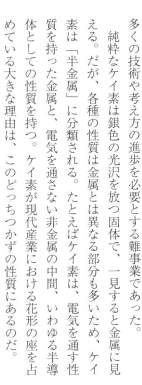

半導体とは何か

半導体とはよく聞く言葉ではあるが、「電気を通す物質と通さない物質の中間」と聞いても、いったいどういうことかわかりづらい。要は、不純物の量や光の当て方などにより、電気の通し具合をコントロールできる物質ということだ。

金属では、原子の持っている電子の一部が原子から離れ、自由に動き回りやすくなっている。一方から「電子よこちらへ来い」という号令、すなわち電圧がかかったら、電子たちは一目散にそちらへ向かって駆け去っていく。これが、金属の中を電気が流れるということだ。

ケイ素の結晶の中では、電子がもう少し原子にきつく縛られており、金属の場合ほど自由に遠出できない。このため、純粋なケイ素の結晶はほとんど電気を通さない。そこで、他の元素を不純物としてほんの少しだけ混ぜる、「ドーピング」という方法が採られる。

たとえば、ケイ素に比べて電子の持ち合わせが少ない、ホウ素という元素をドープしてみよう。ケイ素の結晶にホウ素が混じりこむことにより、そこだけ電子が足りない、いわば「電子の孔」が空いた状態になる。電圧がかかると、手近の電子が孔に向かって移動し、そこで空いた孔に別の電子が入り込み……という過程を繰り返して、結果として電気が流れることになる。

要は、電子のバケツリレーが起きているわけだ。純粋なケイ素結晶は、いわばみながバケツを両手に持った状態であり、効率的な受け渡しができない。ホウ素、すなわち手が空いた人が入ってはじめて、電子を遠くまで素早く送り届けることが可能になるのだ。これは、マイナス電荷を持つ電子が足りない状態、すなわち全体にプラスの状態であるため、「p型半導体」(pはpositiveの頭文字)と呼ばれる。

これと反対に、ケイ素より電子をひとつ余計に持ったリンを混ぜ込むことでも、電流を流すことが可能になる。こちらはマイナスの電荷が多い半導体なので、「n型半導体」(nはnegativeの頭文字)と呼ぶ。いずれも、ドープする元素の種類や量を調整することで、さまざまな性質のものを作り出せる。

さらにこれらの半導体をうまく組み合わせることで、一方からやってくる電流だけを通すダイオードや、情報を記録する半導体メモリなどを作ることができる。将棋の駒でたとえるなら、ただ電流を流すだけの金属は香車だろうが、半導体の登場によって飛車角や桂馬などの強力な駒が誕生したといえる。これらをうまく組み合わせて活用することで、今までとは比較にならぬほど複雑かつ強力な製品が作り出せるようになったのだ。

ゲルマニウムの時代

こうした半導体の時代の先鞭をつけたのは、実はケイ素ではなくゲルマニウムという元素だ。先ほど、炭素とケイ素は周期表で縦に並ぶ兄弟元素と述べたが、ゲルマニウムはケイ素の真下に位置しており、性質も類似している。このためゲルマニウムもまた半導体としてはたらく。

これを利用した新たな装置が生まれたのは、戦後すぐのアメリカ・ベル研究所においてであった。同研究所の設立元であるＡＴ＆Ｔ社は全米に事業を拡大中であったが、長距離通話になると音声信号が減弱し、聞こえづらくなるのが問題となっていた。これを解決するため、電気信号を増幅する装置が求められていたのだ。

一九四七年、ゲルマニウムの結晶を用いてこれをやってのけたのが、ジョン・バーディーン（一九〇八〜一九九一年）、ウォルター・ブラッテン（一九〇二〜一九八七年）、ウィリアム・ショックレー（一九一〇〜一九八九年）らであった。これは点接触型と呼ばれる扱いの難しいものであったが、やがてショックレーは接合型と呼ばれる物理的に安定したトランジスタも開発した。これは、ｎ型‐ｐ型‐ｎ型といったように、異なる性質の半導体をサンドイッチにした構造だ。

翌年トランジスタが発表されると、世界の技術者たちは敏感にこれに反応した。それまで用いられていた真空管は寿命がせいぜい数千時間ほどしかなく、このためＥＮＩＡＣは当初、一日数回は真空管の交換が必要になるほどであった。しかしトランジスタは長寿命かつ低コスト、しかも原理的にいくらでも小さくできる。当時トランジスタの研究に携わったある日本人研究者は、そのインパクトを「身の毛のよだつような発明」と表現している。

トランジスタの登場は、今日まで続く半導体産業の幕開けとなった。トランジスタラジオを開発した東京通信工業は、これをきっかけに「ソニー」の名で世界的企業へと駆け上がった。一九六〇年代からはテレビにも搭載され、「娯楽の王様」の地位確立のために大きな役割を果たした。バーディーン、ブラッテン、ショックレーの三人は、この功績で一九五六年のノーベ

バーディーン（左）、ショックレー（中央）、ブラッテン（右）

1947年に発明された最初のトランジスタ（複製品）

ル物理学賞を受賞している。

シリコンバレーの奇跡

半導体の時代を切り拓いたゲルマニウムは、決定的な弱点を抱えていた。ゲルマニウムトランジスタは熱に弱く、六〇度程度になると動作不良を起こした。また何より、ゲルマニウムは希少な元素であり、安定供給が難しい。

ここで、ついにケイ素の登場となる。すでにケイ素が半導体としてはたらくことはわかっていたが、何しろケイ素は融点が一四一〇度と高く、このため熱には強いものの、精製や結晶の作成は困難となる。また、先ほど述べた通り、半導体はごくわずかな量の元素をドーピングするだけで、大きく性質が変わる。意図しない不純物の混入は、半導体の品質を大きく引き下げてしまうのだ。このため現代の半導体産業では、ケイ素の純度九九・九九九九九九九九九パーセント、すなわち不純物が一〇〇〇億分の一以下という途方もない水準が求められている。この壁を突破することが、一九五〇年代以前には難しかったのだ。

これらを乗り越える工夫、そしてその後の大発展はほとんど全て、サンフランシスコ湾の奥にある谷間で起こった。現在その地域は「ケイ素の谷」、すなわちシリコンバレーと呼ばれている。

この地域の中核を成すのは、スタンフォード大学だ。同大学は今でこそ米国西海岸を代表する名門だが、かつてはただ果樹園に囲まれた淋しい田舎の大学であった。優秀な卒業生がいても地元に残ることはなく、みなニューヨークなど東海岸に就職してしまっていた。

この状況を憂えたフレデリック・ターマン教授（一九〇〇～一九八二年）は、学生を説いて地元で起業させ、卒業生の受け皿とすることを考えた。一九三九年、彼の弟子であるウィリアム・ヒューレット（一九一三～二〇〇一年）とデイヴィッド・パッカード（一九一二～一九九六年）は、教授のバックアップを受けつつ、大学の近くで電子機器メーカーを立ち上げる。いうまでもなく、これが現在まで続くヒューレット・パッカード社だ。

「シリコンバレー発祥の地」として復元された
ヒューレット・パッカード社創業のガレージ

ターマンは優秀な研究者をスタンフォード大学に招聘しつつ、その研究成果を元に起業を促していった。折からの軍事的需要が追い風となり、企業群は成長を続けていく。これがシリコンバレーの起源だ。

戦後、この地で起きた主なイノベーションや出来事は数限りない。一九五九年にはフェアチャイルドセミコンダクター社のロバート・ノイスらが、シリコン集積回路（ＩＣ）を開発した。一九六四年には、今もコンピュータには欠かせないマウスが発明されている。インテル社が史上初のＣＰＵである「４００４」を発表（一九七一年）したのもこの地だし、一九七六年にはアップル社によって「Apple I」が世に送り出されている。

現在シリコンバレーには、アドビシステムズ、アップル、グーグル、ヒューレット・パッカード、インテル、フェイスブック、オラクル、テスラ、ヤフーなどが本拠を置く。これら企業の影響力は、いまさら改めて語るまでもないだろう。

こうして並べてみるとあまりに凄まじい進歩で、とうてい一つの地域でわずか数十年の間に起きたこととは思えない。だが、歴史を振り返ってみると、ある時代のある地域に才能が集結し、一挙に巨大な進歩をもたらしているケースは多々ある。一五世紀のイタリア・ルネサンス、一八世紀に始まるイギリスの産業革命などが、その例に挙げられよう。ずっと小規模ではあるが、一二人のノーベル賞受賞者を出したアーネスト・ラザフォード（一八七一～一九三七年）の研究室、戦前の理化学研究所、有名漫画家が数多く巣立ったアパート「トキワ荘」なども、こうした例に入れられると思う。

こうした才能の異常な結集と爆発が起きているケースには、いくつかの共通点がありそうだ。新しく切り拓かれた分野であること、十分な資金が集まっていること、リスクのあるチャレンジができる状況であること、自由闊達に議論ができる環境であることなどだ。

一九五〇年代以降のシリコンバレーも、まさにそうした状況だった。何か問題があると、会社の垣根を超えて研究者が勝手に集まり、激しく議論を戦わせた。新しいアイディアを得た研究者は、会社を離れて自分のベンチャー企業を立ち上げ、思う存分に研究を行なえた。「スピンオフ」という言葉は、シリコンバレーで生まれたものだ。

こうした環境のもと、シリコン半導体は驚異的なペースで進歩してきた。現在のシリコンチップは、多数のトランジスタをケイ素の半導体上に集積させたものだ。有名な「ムーアの法則」によれば、その集積度は一八ヶ月ごとに倍になっていくとされる。大雑把に言えば、集積度が倍になるということは、製造コストは変わらず、処理速度が二倍になることを意味する。

この予言は一九六五年になされたものだが、何度も限界をささやかれつつ、半世紀を経た現在もいまだ有効だ。これほど劇的な進歩を続けている分野は、人類史上他にないだろう。こうした驚異的進歩の結果、一昔前のスーパーコンピュータ以上の能力をもったマシンが、今や我々の片手に納まるサイズになっている。最近では、人工知能「AlphaGo」が、人類最強の囲碁棋士を打ち負かすまでになった。筆者は囲碁も嗜むので、この勝負を興味深く見守っていたが、人工知能のあまりに異質な打ち筋に、どこか背筋が凍るような思いを覚えたものだ。ともかくある一分野に限ってではあるが、誕生からわずか六〇年ほどで、「ケイ素の脳」は「炭素の脳」を追い抜いてしまったわけだ。

そして近年、こうして生まれた人工知能が、新しい優れた

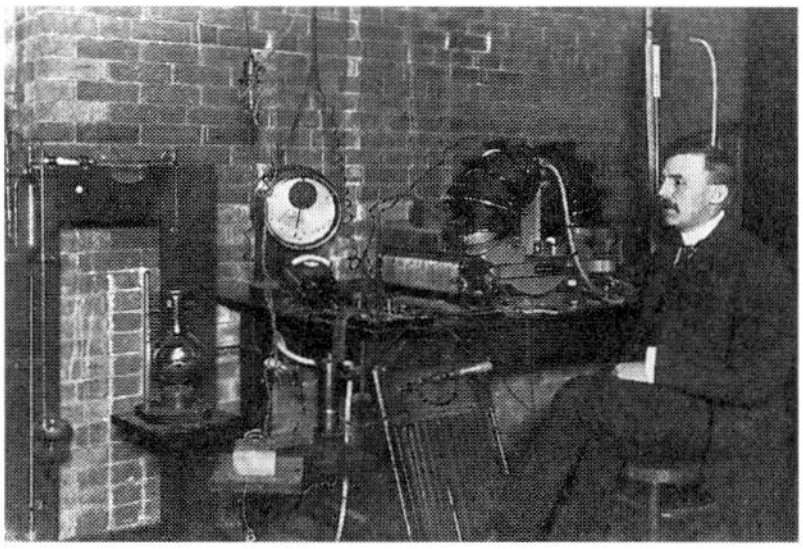

12人のノーベル賞受賞者を育てたアーネスト・ラザフォード

材料を生み出すようになりつつある。人工知能が人類の能力を追い抜き、さらに優れた人工知能を設計し始める「シンギュラリティ」（技術的特異点）という事態が近年よく取り上げられるが、すでに材料の世界はそれにやや似た状況になっているのだ。これに関しては、最終章で詳しく述べてゆこう。

終章　ＡＩが左右する「材料科学」競争のゆくえ

材料のこれから

「材料」という言葉は、「物質のうち、人間の生活に直接役立つもの」と定義されている。これまでに知られている物質の数は一億四〇〇〇万を超えるが、その中で「直接役に立つ」ものはほんの一握りだ。我々の身の回りで何気なく使われている材料は、人類が長い時間をかけて見つけ出し、選び出し、改良し、一から創り出してきた、スーパーエリートというべき物質たちだ。

何しろ材料というものは、丈夫で使いやすければいいというものではない。原料が手に入りやすいこと、量産ができること、加工がしやすいこと、人体に害がないこと、環境負荷が低いことなど、さまざまな要件を満たす必要がある。用途によっては、軽さや硬さ、経年劣化の少なさなどさらに多くの条件も加わってくる。一つの材料が世に出て、広く使われるようになるまでには、驚くほど多くの試練を乗り越える必要があるのだ。

これまで見てきた通り、一見すると全く別の材料が、原子分子のレベルでは同じものであったり、見た目がそっくりな物体でも、原子の組み合わせは全く別物であったりもする。また、複数の材料を組み合わせることで、思わぬ性質を引き出しているものも多い。これらは、材料に関して人類が積み重ねてきた、工夫と創造の跡だ。材料のイノベーションは、そのまま人類の生活の進歩であったといっても、決して言い過ぎではないだろう。

近年は、情報分野やバイオ分野の進展がめざましく、イノベーションのステージはこうしたジャンルに移ったかに見える。しかしこれらの分野の開発競争も、結局は材料という土俵の上での闘いに過ぎない。画期的な材料が出現すれば、その上に構築されるテクノロジーも全く別次元へと進化してしまう。

高速度の情報通信を支える、光ファイバーはその例だ。一九八〇年代後半、インターネットの普及が見込まれる中、それまでの電気電信ケーブルよりも、もっと高速の通信手段が切望されるようになる。光による情報伝達が最も速いことは誰の目にも明らかであり、すでに光ファイバーの研究は一九五〇年代から本格化していた。しかし、通常のガラス製の繊維では不純物が多く、光が散乱されて弱まってしまうから、光通信は実用化には至らなかった。しかし一九七〇年代ごろから、ガス状にしたケイ素化合物を堆積させる「化学気相成長法」と呼ばれる方法の開発が進み、極めて透明度の高い光ファイバーの製造が可能になったのだ。光ファイバーによる通信は二一世紀になって本格的に普及し、動画配信やソーシャルゲームなどの新興産業を根底で支えている。

「透明マント」は実現するか

優れた材料の出現により、時代が大きく変わることは今後も続くだろう。今後、世界を変えそうな材料の例に、「メタマテリアル」と呼ばれるものがある。直訳すれば「超越物質」となる、何やら大げさな名称の物質だが、その性質たるやまさに常識を超越したものだ。

光がガラスや水などを透過する時、進行方向が変わる。これが「屈折」と呼ばれる現象で、どのくらい曲がるかを示す数値を「屈折率」という。メタマテリアルは、この屈折率がマイナスの数値となる物質を指す。自然界にはこうした物質は存在しないが、極めて微細なサイズの金属コイルを作り込むことで、この性質を実現できると考えられている。

このメタマテリアルで実現できるものとしてよく挙げられるのが、ドラえもんやハリー・ポッターに出てくる「透明マント」だ。メタマテリアルで通常の物質を覆うと、その後ろにある物体に反射された光はメタマテリアルの表面を回り込み、見る者の目に届く。すると、メタマテリアルに覆われた物体は全く目には感知できず、後ろにあるものがそのまま見えてしまうのだ。

全くSFとしか思えない話だが、光よりも波長の短い電磁波ではすでに実験が成功しており、ただの夢物語ではないことが実証されている。可視光でもこれが実現すれば、どれだけのインパクトがあるか全く計り知れない。たとえば軍事分野へ応用されれば、目に見えない兵士や武器さえ可能になるから、世界の軍事バランスを大きく変えてしまうこともありうる。

とはいえ、「透明マント」は技術的ハードルがあまりに高く、少なくとも早期の実現は難しいだろう。だが、メタマテリアルの技術を用いて、アルミニウムの表面に様々な色を着けることにはすでに成功している。塗料もなしに、ただ表面を加工するだけであらゆる色彩を自由に着色可能というのだから、実に不思議だ。

その他、原子以下のサイズの物体まで観察可能な光学顕微鏡、微量物質の検出によるがんの早期診断など、メタマテリアルにはさまざまな可能性が考えられている。今後の進展に、注目すべき材料であることは間違いないだろう。

蓄電池をめぐる闘い

エネルギー分野も、新材料が期待されるジャンルの一つだ。振動などのエネルギーを電気に変えるエネルギーハーベスティング材料、薄く軽量で場所を取らない有機薄膜太陽電池、そしてエネルギーの貯蔵器やリニアモーターカー、多くの画期的な技術につながる常温超伝導物質など、実現が期待される新材料は数多い。

全くの新技術でなく、身近で使われている材料の改善も重要だ。たとえば、現代を代表する商品のひとつであるスマートフォンが実現したのは、リチウムイオン電池の高性能化によるところが大きい。この成功も、電極に用いる特殊な炭素材料やコバルト酸リチウムといった、材料の適切な選択と組み合わせの結果だ。開発者の吉野彰（一九四八年〜）が、日本国際賞をはじめとする数々の賞に輝き、ノーベル賞の呼び声が高いのも当然と思える。

ただし、現状のリチウムイオン電池も、もちろん完璧な存在ではない。スマートフォンを開けてみると、内部空間の大半がバッテリーで占められていることがわかる。それでいて、毎日時間をかけて充電する必要があるし、充電を繰り返すうちに性能は落ちてゆくのだから、バッテリーはまだまだ改善が求められている。

蓄電池の進歩を必要としているのは、スマートフォンだけではない。自動車業界は、現在「百年に一度」といわれる大変革のさなかにある。現在のガソリン車から電気自動車への移行、いわゆる「EVシフト」の大波が押し寄せているのだ。二〇一五年一二月に採択されたパリ協定により、世界各国がCO_2排出量削減を迫られていることが、その背景にある。イギリスやフランスなどでは、二〇四〇年までにガソリン車やディーゼル車の販売を禁止するという方策を打ち出しているから、変革は待ったなしだ。

電気自動車はすでに実用化され、各社から発売されているが、ガソリン車から大きなシェアを奪うには至っていない。現在電気自動車に搭載されている蓄電池は、スマートフォンのバッテリーと基本的に同じ原理であるリチウムイオン電池だ。しかし現状の電池では、もともと航続距離がガソリン車に及ばない上、長期間乗っていると電池が劣化して、さらに航続距離が短くなってしまう。また、海外メーカーの電気自動車には火災事故が相次いでいるものもあり、安全性の面からも問題が指摘されている。

こうした欠点を改善するため、たとえばトヨタは今後ＥＶ用電池のために一兆五〇〇〇億円を投じて開発を進める予定という。ＥＶ用電池は、近未来の経済や環境を左右する存在となっているのだ。

ＡＩが材料を創る

今や新材料は、天然から見つけ出したり改良したりするのではなく、研究者が新しく創り出すものになっている。それも行き当たりばったりにいろいろなものを混ぜたり試したりというのではなく、きちんとした理論的背景のもと、原子レベルで設計することによって、新たな機能を持たせた材料を合成する時代に入ったのだ。

こうした材料研究の分野において、これまで日本は大きな存在感を発揮してきた。本書ですでに取り上げたネオジム磁石やリチウムイオン電池に加え、光触媒、炭素繊維、カーボンナノチューブ、青色ＬＥＤ、鉄系超伝導体、ペロブスカイト太陽電池などなど、日本人が開発、あるいは大きな貢献をした新材料は枚挙にいとまがない。

しかしこの状況には、だいぶ翳りが見えてきている。理由の一つは、中国など新興国の台頭だ。新材料は、最初から完成品の形で登場することはほとんどない。たいていの場合、新しいコンセプトの材料がまず発表され、試行錯誤を繰り返しながら性能や製造法の改善が図られて、長い時間をかけて完成に至る。

となれば、いくらコンセプト段階で先行しても、製品化の段階では資金力とマンパワーのあるところが勝つ。資金と研究者数が急速に拡大している中国には、日本勢はなかなか太刀打ちできなくなっている。ある研究者は「たとえこちらが人員を三倍にしても、向こうはその数倍の研究員を投入してくる。日本が勝つにはどうすればいいですかとよく聞かれるけど、どう考えたって無理ですよ」と嘆いている。

もちろん、ただ闇雲に絨毯爆撃をしていればいいものが見つかるというものではなく、研究者の経験と勘が物を言う部分も大きい。しかし、日本が強みとしていたこの領域にも、新たな強敵が現れた。「マテリアルズインフォマティクス」と呼ばれる手法がそれだ。

前章でも取り上げた人工知能「AlphaGo」は、過去の棋士の棋譜を大量に読み込んで学習することで、ある局面でどの手を打つと勝率が高くなるか、判定する能力を身につけた。過去の経験から学んで、「こうすればうまくいくだろう」と判断する職人的な「勘」を、コンピュータが手に入れたといえる。さらにAlphaGoは、数百万回の自己対局によってその「勘」に磨きをかけ、新しい手段を創出する段階にまで至ったのだ。

マテリアルズインフォマティクスはこれと同じように、過去に作り出された材料の各種データをコンピュータに「学習」させることで、新たな性質を持った材料を予測しようというものだ。これにより、たとえば今まで数年かかっていた新材料探索が、わずか数ヶ月で終わるようになっている。研究者が積み上げてきた勘と経験は、ビッグデータの高速解析と深層学習によって置き換えられようとしているのだ。

この手法が発展するきっかけになったのは、二〇一一年に米国オバマ政権が打ち出した「マテリアルズ・ゲノム・イニシアティブ」という政策だ。二億五〇〇〇万ドルを投じ、新材料の開発速度を二倍に上げるというこの計画は、見事図に当たった。二〇一二年一〇月には早くも、蓄電池に用いる固体電解質という材料の長寿命化に成功した。ずっと前から研究していた日本のチームに、わずか数ヶ月で追いついて見せたこの成果は、新手法の威力を知らしめるに十分であった。

中国はこれを見て、多額の予算を投じてほぼ同じ計画を立案し、急速にアメリカを追い上げている。日本は二〇一五年から同様のプロジェクトが動き始めているが、やや出遅れの感は否めない。しかし産業界もマテリアルズインフォマティクスの威力に目をつけ、先述のトヨタなども、蓄電池材料開発のためにこの技術を投入しようとしている。

人工知能、ビッグデータという言葉は、近年になって大きく取り上げられ、「人間の仕事が奪われる」などと騒がれているものの、やや話題のみが先走っているとの批判もなされる。しかし材料科学分野ではすでにその威力を存分に発揮しており、国際的研究競争の焦点ともなりつつある。日本が得意としてきた材料科学分野で、今後も同様の存在感を保てるか、ここ数年が勝負となりそうだ。

材料はどこまでも

人類が初めて石を投げ、骨を武器としたのは、おそらく数百万年も前のことだろう。やがて人類は、材料を望む形に整える術《すべ》を知り、土を焼いて土器を作り、木材を使って家を建てた。以後、身の回りの材料の種類は増え続け、それぞれが便利なものになっていった。材料は人々の暮らしを改善し、人間の能力を広げた。より優れた材料を手にした者が戦いを勝ち抜いて豊かになり、時に覇者として君臨した。よりよい材料を創り出すためには、常にその時代の最高の技術と、優れた人材が投じられてきた。このことが今も変わっていないのは、前項までに述べた通りだ。

今後、材料はどのような方向へ向かうのだろうか。たとえば蓄電池は単一の材料でできているのではなく、電極・電解質・ケースなどさまざまな材料から成っており、その組み合わせで機能を進化させている。これと同様、今後創り出される材料は単独で働くのではなく、他の材料と協働することで真価を発揮するものが多くなることだろう。だとすれば、これからの材料開発は、単独で優秀なものを選ぶということではなく、組み合わせ、バランスが重視されることになっていくだろう。その選定にも、人工知能が威力を発揮することは疑いない。

また、木材や陶器のように、これひとつであらゆる用途に対応できるといった材料は、もうそうそう出てこないと思える。すでにプラスチックがそうであるように、性質の異なる材料が多数創り出され、用途に合わせて使い分けられる形が増えていくことだろう。

二〇世紀の間は、同じ商品が大量に生産され、皆がそれを店で購入し、使い方をマスターする——という、いわば使用者が製品に合わせる時代だった。今後は、使用者の好みや体格、使用目的などに合わせて、細かくカスタマイズできる製品が増えていくのではないだろうか。状況や目的に合わせて自動設計された製品を、手元の３Ｄプリンタによって作り出す時代はもう目の前に迫っている。そこに用いられる材料も多様化し、それらを細かく組み合わせ、使い分けることになってゆくだろう。

——と述べてはみたが、材料の歴史は、それまで誰も想像すらしなかったものが出現し、我々のライフスタイルを大きく塗り替える歴史であった。二百年前の人々は、鉄の三分の一の重さでありながら丈夫で錆びない金属など想像もしなかっただろうし、百年前の人々は、軽くて透明でぶつけても割れないボトルなど夢物語と思っていた。そんな「夢の材料」を、我々は毎日当たり前のように使い、特別なものだなどと思いもしない。

鋼鉄よりも強い紙、割れても元に戻る陶器、小さく折り畳めるガラス、熱を通さず、冬でもシャツ一枚で出歩けるほど暖かい布地、中身を飲み終わった後は消えてなくなる容器——我々の子供や孫は、そんな材料に囲まれて暮らしているかもしれない。現代を生きる我々は、おそらく無限ともいえる材料の宇宙の、ほんのさわりだけを眺めているに過ぎないのだ。

あとがき

二〇一三年、筆者は新潮選書から『炭素文明論』を刊行した。砂糖、カフェイン、ニコチン、エタノールなどの、炭素を中心とした物質――いわゆる有機化合物と、人類の歴史との関わりについて、自分なりの視点から記したものだ。

筆者は有機化学の研究者出身なので、やはり有機化合物にはそれぞれ思い入れがある。日頃お世話になっていながら、ほとんど正面切って取り上げられることのない有機化合物たちの素顔を、少しでも世の人々に知ってもらいたい――そんな思いで書き上げた一冊だった。

幸いにして『炭素文明論』は好評をいただき、講演などにも何度か呼んでいただいた。そしてある高校での講演の際、こんな質問が飛んできた。

「有機・無機を問わず、歴史に最も大きな影響を与えた化合物ベスト3は何だと思いますか?」

高校生相手というのは、こういう思わぬ角度から質問が飛んでくるから、面白くも恐ろしい。

ちょっと答えに詰まったが、やはり鉄や紙、プラスチックなどの材料ではないかと思う、と応じたところ、司会役の先生から「では続編で『材料文明論』を書いていただきましょう」との言葉があり、その場はお開きとなった。

材料か、いつか何かの形で書かないといけないな、という思いが残った。その思いが、五年越しで形になったのがこの本だ。

実際、材料というものは全ての基礎であり、政治も経済も、軍事も文化も、あらゆるものが材料の上に築かれる。我々の生活を支えながら、注目されることのないヒーローたちに、光を当ててみない手はないと思えた。

材料の世界は個性豊かだ。美しい輝きと希少性で人々を魅了する金や、建築から武器まで文明を支えた鉄、情報や文化の担い手となった紙、一見どれも似たような姿ながら、呆れるほど多様で多彩なプラスチックなどなど、全てが異なる表情を持っている。このあたりは、『炭素文明論』と比べても書いていて楽しかったところだ。

材料こそが歴史を動かす存在であり、全ての変革の鍵だと考えたのは、もちろん筆者が最初ではない。おそらく、それを最初に強く意識したのは、一九五〇年代のアメリカだろう。そのきっかけとなったのは、一九五七年に当時のソ連が打ち上げた人工衛星スプートニク一号だ。

第二次世界大戦を制して名実ともに覇権国家となったアメリカは、宇宙開発においても世界のリーダーであることを疑っていなかった。そこに突如もたらされた「ソ連が人類初の人工衛星打ち上げに成功」の報は、アメリカをかつてないパニックに陥れた。単にプライドを傷つけられたという程度のことではない。このまま手をこまねいていれば、ソ連はやがて手の届かぬ宇宙から、アメリカの各都市にミサイルの雨を降らせてくるのではないか——そんな恐怖が全土に広がった。いわゆるスプートニク・ショックだ。

「制宙権」を奪い返すための、アメリカの対応は速かった。翌一九五八年には宇宙開発の指揮を執る中心部局として、アメリカ航空宇宙局（ＮＡＳＡ）が設立された。優れた理工系人材を育成するために理科系・外国語教育が強化され、科学技術予算も大幅に増強された。

中でも、宇宙開発のためには高熱や極寒、真空にも耐える高性能な材料が必要であった。このためアメリカ政府は、化学・固体物理学・物性物理学・冶金学・工学など多くの分野を横断する「材料科学（マテリアル・サイエンス）」という新たな領域を作り出し、多額の資金を投じて研究に当たらせた。筆者が子供の頃には、雑誌の広告に「ＮＡＳＡが開発した高性能材料」の文字がやたらに躍っていたが、それにはこうした背景があったわけだ。

こうして人工的に作り出された材料科学という分野はすっかり定着し、一九六三年には日本にも日本材料科学会が設立されるなど、影響は世界に及んだ。それまで曖昧なイメージのあった「材料」という言葉も、学術用語として市民権を得るに至った。本書でも、タイトルには一般になじみ深い「素材」という言葉を採用したが、本文では一貫して「材料」の語を用いている。

材料科学は、高強度・耐熱性のセラミックや、宇宙空間でも働く太陽電池パネルなど、それまでにはなかった数々の新材料を生み出した。これらはやがて民生用にも転用され、西側諸国の冷戦勝利に大いに貢献した。ベルリンの壁崩壊の後、つややかに輝く西ドイツ製のＢＭＷと、「ボール紙製」と揶揄された東ドイツ製のトラバントが並ぶ姿は、今にして思えば、実に象徴的であった。

このジャンルはその後も発展を続け、相変わらず最重要な学問領域であり続けている。材料科学関連の学術誌は軒並み高いインパクトファクター値（学術誌の影響度を測る指標）を示しているし、アメリカ・中国ともこの領域には多額の予算を投じ続けていることは、終章でも記した通りだ。

力ある国や組織が新たな材料を生み出し、その材料がまた国や組織の力となる。先に、「材料とは、物質のうち、人間の生活に直接役立つもの」と書いたが、「材料とは人間の能力を拡張し、意志を実現するための物質」と定義してもよいかもしれない。さて今後、どのような新材料が登場し、どのような意志を実現してくれるものか、楽しみにしたい。

本書は、「Ｗｅｂでも考える人」で連載したものを大幅に加筆修正し、一冊にまとめた。連載時より有益な助言をいただき、時に激励をいただいた新潮社編集部の三辺直太氏に、この場を借りて感謝申し上げる。

佐藤　健太郎

全般

『サピエンス全史（上・下）　文明の構造と人類の幸福』ユヴァル・ノア・ハラリ、河出書房新社
『繁栄　明日を切り拓くための人類10万年史』マット・リドレー、早川書房
『人類を変えた素晴らしき10の材料　その内なる宇宙を探険する』マーク・ミーオドヴニク、インターシフト
『銃・病原菌・鉄　一万三千年にわたる人類史の謎（上・下）』ジャレド・ダイアモンド、草思社
『スパイス、爆薬、医薬品　世界史を変えた17の化学物質』ペニー・ルクーター、ジェイ・バーレサン、中央公論新社

第1章

『金・銀・銅の日本史』村上隆、岩波新書
『貨幣進化論　「成長なき時代」の通貨システム』岩村充、新潮選書
『化学の歴史』アイザック・アシモフ、ちくま学芸文庫
『スプーンと元素周期表　「最も簡潔な人類史」への手引き』サム・キーン、早川書房
『貴金属の科学』貴金属と文化研究会著、菅野照造監修、日刊工業新聞社

第2章

『カラー版　世界やきもの史』長谷部楽爾、美術出版社
『陶磁器釉の科学』高嶋廣夫、内田老鶴圃
『マイセン』南川三治郎・大平雅巳、玉川大学出版部

『未来材料入門　材料基礎から未来コンピュータの素子まで』小山田了三、東京電機大学出版局
『わかりやすいセラミックスのはなし』澤岡昭、日本実業出版社

第3章

『気候文明史　世界を変えた8万年の攻防』田家康、日本経済新聞出版社
『飛び道具の人類史　火を投げるサルが宇宙を飛ぶまで』アルフレッド・W・クロスビー、紀伊國屋書店
『コラーゲン物語　第2版』藤本大三郎、東京化学同人
『コラーゲンの秘密に迫る　食品・化粧品からバイオマテリアルまで』藤本大三郎、裳華房

第4章

『鉄の物語　化学の物語4』カレン・フィッツジェラルド、竹内敬人監修、大月書店
『トコトンやさしい鉄の本』菅野照造監修、鉄と生活研究会編著、日刊工業新聞社
『メタルカラー烈伝　鉄』山根一眞、小学館
『鉄学　137億年の宇宙誌』宮本英昭・橘省吾・横山広美、岩波科学ライブラリー

第5章

『紙　二千年の歴史』ニコラス・A・バスベインズ、原書房
『紙の道（ペーパーロード）』陳舜臣、集英社文庫
『紙の科学』紙の機能研究会著、半田伸一監修、日刊工業新聞社
『トコトンやさしい紙の本』小宮英俊、日刊工業新聞社
『セルロースのおもしろ科学とびっくり活用』セルロース学会編、講談社

第6章

『図解よくわかるナノセルロース』ナノセルロースフォーラム編、日刊工業新聞社

『地球の履歴書』大河内直彦、新潮選書
『最新　惑星入門』渡部潤一・渡部好恵、朝日新書
『サンゴとサンゴ礁のはなし　南の海のふしぎな生態系』本川達雄、中公新書
『この世界が消えたあとの科学文明のつくりかた』ルイス・ダートネル、河出文庫
『すべての道はローマに通ず　ローマ人の物語X』塩野七生、新潮社
『真珠の世界史　富と野望の五千年』山田篤美、中公新書

第7章

『絹Ⅰ　ものと人間の文化史』伊藤智夫、法政大学出版局
『絹Ⅱ　ものと人間の文化史』伊藤智夫、法政大学出版局
『絹の国を創った人々　日本近代化の原点・富岡製糸場』志村和次郎、上毛新聞社
『シルクの科学』シルクサイエンス研究会編、朝倉書店

第8章

『ボールのひみつ　野球、バレー、サッカー、バスケ、テニスetc.様々なボールの歴史や秘密』新星出版社編集部編、新星出版社
『天然ゴムの歴史　ヘベア樹の世界一周オデッセイから「交通化社会」へ』こうじや信三、京都大学学術出版会

第9章

『磁石の世界』加藤哲男、コロナ社
『磁石のふしぎ』茂吉雅典・早川謙二、コロナ社
『マグネットワールド　磁石の歴史と文化』吉岡安之著、TDK株式会社編、日刊工業新聞社
『人類が生まれるための12の偶然』眞淳平著、松井孝典監修、岩波ジュニア新書

『物理学を変えた二人の男　ファラデー、マクスウェル、場の発見』ナンシー・フォーブス、ベイジル・メイホン、岩波書店

第10章

『図説中世ヨーロッパ武器・防具・戦術百科』マーティン・J・ドアティ、原書房
『アルミの科学』アルミと生活研究会著、山口英一監修、日刊工業新聞社
『図解入門よくわかるアルミニウムの基本と仕組み』大澤直、秀和システム
『飛行機技術の歴史』ジョン・D・アンダーソンJr.、京都大学学術出版会

第11章

『プリニウスの博物誌Ⅵ　第34巻〜第37巻』中野定雄・中野里美・中野美代訳、雄山閣
『コンパクト高分子化学　機能性高分子材料の解説を中心として』宮下徳治、三共出版
『新化学読本　化ける、変わるを学ぶ』山崎幹夫、白日社
『高分子こぼれ話　ペットボトルから、繊維まで』橋本壽正、アグネ技術センター

第12章

『アンティキテラ　古代ギリシアのコンピュータ』ジョー・マーチャント、文春文庫
『シリコンとシリコーンの科学』山谷正明監修・信越化学工業編著、日刊工業新聞社
『コンピュータの歴史　先覚者たち その光と影の軌跡』横山保、中央経済社
『コンピューター200年史　情報マシーン開発物語』マーチン・キャンベル＝ケリー他、海文堂出版
『シリコン・バレー　リアル・タイム小説』マイケル・ロジャース、祥伝社

新潮選書

図版提供
25頁：松永レイ／35頁：Sailko／36頁：Vmenkov／38頁：Legolas1024／46頁：Astrowikizhang／51, 118頁：ジェイ・マップ／57頁：BabelStone／67頁：Rursus／71頁：Tosaka／101頁：Jean-Pol GRANDMONT／112頁：663highland／113頁：（右・左）Gerd A. T. Müller、（中）Tom or Jerry／125頁：Fanny Schertzer／134頁：（左）Brian Cantoni／141頁：Aney／173頁：（中）Benutzer:Softeis、（下）moonm／197頁：Marsyas
※他は著作権保護期間が満了したもの、またはパブリック・ドメインのものを使用した。
※本書に掲載された化学式・構造式は、著者がフリーソフトを使って制作した。

世界史《せかいし》を変《か》えた新素材《しんそざい》

著　者………………佐藤健太郎《さとうけんたろう》

発　行………………2018年10月25日
5　刷………………2019年 4 月15日

発行者………………佐藤隆信
発行所………………株式会社新潮社
〒162-8711 東京都新宿区矢来町71
電話　編集部 03-3266-5411
　　　読者係 03-3266-5111
http://www.shinchosha.co.jp
印刷所………………株式会社三秀舎
製本所………………株式会社大進堂

乱丁・落丁本は、ご面倒ですが小社読者係宛お送り下さい。送料小社負担にてお取替えいたします。
価格はカバーに表示してあります。
© Kentaro Sato 2018, Printed in Japan
ISBN978-4-10-603833-4 C0340

炭素文明論
「元素の王者」が歴史を動かす
佐藤健太郎
農耕開始から世界大戦まで、人類の歴史は「炭素争奪」一色だった。そしてエネルギー危機の今、また新たな争奪戦が……炭素史観で描かれる文明の興亡。
《新潮選書》

貨幣進化論
「成長なき時代」の通貨システム
岩村充
バブル、デフレ、通貨危機、格差拡大……なぜ「お金」は正しく機能しないのか。「成長を前提としたシステム」の限界を、四千年の経済史から洞察する。
《新潮選書》

世界地図の中で考える
高坂正堯
「悪」を取りこみ、人間社会は強くなる――タスマニア人の悲劇から国際政治学者が得た洞察の真意とは。原理主義や懐疑主義に陥らないための珠玉の文明論。
《新潮選書》

江戸の天才数学者
―世界を驚かせた和算家たち―
鳴海風
江戸時代に華開いた日本独自の数学文化。なぜ世界に先駆ける研究成果を生み出せたのか。渋川春海、関孝和、会田安明……8人の天才たちの熱き生涯。
《新潮選書》

性の進化史
いまヒトの染色体で何が起きているのか
松田洋一
そもそもなぜ性はあるのか？　なぜヒトには雌雄同体がいないのか？　性転換する生物の目的とは？　生き残るため、驚くべきほど多様化した性のかたち。
《新潮選書》

凍った地球
スノーボールアースと生命進化の物語
田近英一
マイナス50℃、赤道に氷床。生物はどう生き残ったのか？　全球凍結は地球にとってどんな意味があるのか？　コペルニクス以来の衝撃的仮説といわれる環境大変動史。
《新潮選書》